丘陵山区迈向绿色高效农业丛书

现代 NONGYE SHENGCHAN
农业生产
实/用/技/术/问/答

朱德平　邓红军　黎纯斌◎主编

XIANDAI
NONGYE SHENGCHAN
SHIYONG JISHU WENDA

U0232787

长江出版传媒　湖北科学技术出版社

图书在版编目（CIP）数据

现代农业生产实用技术问答 / 朱德平，邓红军，黎纯斌主编.—武汉：湖北科学技术出版社 2019.6

（丘陵山区迈向绿色高效农业丛书）

ISBN 978-7-5706-0607-8

Ⅰ．①现…　Ⅱ．①朱…②邓…③黎…　Ⅲ．①现代农业—农业技术—问题解答　Ⅳ．①S-44

中国版本图书馆 CIP 数据核字（2019）第 023056 号

责任编辑：邱新友　罗晨薇　　　　　　　　　　　封面设计：曾雅明

出版发行：湖北科学技术出版社　　　　　　　　　电话：027-87679468

地　　址：武汉市雄楚大街 268 号　　　　　　　　邮编：430070

（湖北出版文化城 B 座 13-14 层）

网　　址：http://www.hbstp.com.cn

印　　刷：湖北恒泰印务有限公司　　　　　　　　邮编：430223

787×1092　1/16　　　　　　　　　　　　　11.5 印张　　　243千字

2019 年 6 月第 1 版　　　　　　　　　　　　　2019 年 6 月第 1 次印刷

定价：38.00 元

《现代农业生产实用技术问答》
编　委　会

前　言

　　《现代农业生产实用技术问答》一书是"丘陵山区迈向绿色高效农业"丛书之一，分为"农业绿色高效生产模式与技术""常见水果绿色高效种植技术""水产养殖技术""肉牛、鹅、中蜂养殖关键技术""农机农艺配套知识及技术""农村能源与生态循环农业知识及技术"等板块。本书看似杂烩，实则是对该套丛书内容的有益补充和完善，使得丛书涵盖范围更宽，更加贴近丘陵山区农业生产实际。本书中涉及的新技术、新品种、新模式、新装备等均是近年来在生产实践中得到广泛应用并取得良好经济、社会、生态效益的实用新型技术。

　　本书以农业生产安全、生态、轻简、高效为编写宗旨，重点介绍了高效模式、水果、水产、畜禽、农机农艺配套、能源与生态等生产实践中应该注意的200多个问题，简明扼要，条理清晰，实用性和操作性强，适合广大农民和基层农技人员参考运用，也可作为新型职业农民培训参考教材。

　　本书受篇幅和编写时间限制，无法对涉及的相关问题进行全面系统的解答，难免存在疏漏之处，敬请广大读者谅解并提出宝贵意见。

　　本书在编写过程中采纳和借鉴了许多农业科技工作者的新成果、新经验，编者在此向广大同行表示衷心感谢！

编　者

2019 年 4 月

目录

一、农业绿色高效生产模式与技术

二、常见水果绿色高效种植技术

三、水产养殖技术

四、肉牛、鹅、中蜂养殖关键技术

五、农机农艺配套知识及技术

六、农村能源与生态循环农业知识及技术

一、农业绿色高效生产模式与技术

 什么是农业绿色高效生产模式？

　　农业绿色高效生产模式是以绿色高产高效为目标，以主要农作物生产为基础，以生产技术高度集成、农机农艺深度融合、不同生物生长时空有效衔接和互利共生为抓手，形成的适合一定生产区域发展的周年农业生产模式。农业绿色高效生产模式能有效促进粮经饲统筹、农牧渔结合、种养加一体、一二三产业融合发展，实现经济、社会、生态效益最大化。

 农业绿色高效生产模式有哪些优点？

　　(1)有效利用耕地资源。农业绿色高效生产模式充分利用不同作物生长时空，有效衔接不同作物生产茬口，进行立体种植、复合生产，提升复种指数，提高耕地利用率，缓解了粮食与经济、饲料作物争地争时的矛盾，实现了全面增产增收，提高了单位面积效益。

　　(2)有效利用光热水资源。采用立体多元间套，从时空上充分利用光热水资源，充分发挥农作物边际效应及互利共生作用，实现作物季季增产，全年丰收。

　　(3)有效改善耕地质量。实行立体多元间套、种地养地结合、配方施肥、有机质还田，可以大大改善土壤物理、化学、生物结构，减少养分亏损和偏耗，极大地改善耕地生态环境，促进农业可持续发展。

　　(4)有效提升生产效益。一是能够适当规避自然灾害风险，当一种作物受灾另一种作物仍可实现收益，可以主动降低自然灾害损失；二是多元生产可以避免单一生产受市场价格影响，实现市场优势互补，避免生产经济效益大起大落，影响农民生产积极性。

 农业绿色高效生产模式遵循的原则有哪些？

　　(1)因地制宜、讲求实效原则。因地制宜，就是要根据当地的生态环境、生产条件、农产品市场需求等要素，确定种植模式，合理搭配作物和品种。讲求实效，就是选择的模式要比传统单一生产模式能实现更好的经济效益、社会效益和生态效益。

（2）技术集成、综合配套原则。一是要按照不同作物生产的技术需求和功能目的，将各个作物生产的单项技术进行集成创新，实现绿色高产高效，实现节本增效。二是要按照作物互利共生、农机农艺融合、市场前景看好等原则，综合配方施肥、综合绿色防控、综合配套农机、综合利用销售渠道等，最大限度地实现生产要素最优配置，实现效益最大化。

（3）绿色生产、生态安全原则。就是要以"减肥减药增效"为目标，采取一切可行的生产措施，确保选择的生产模式和技术措施不以破坏耕地、污染环境为代价，生产的农产品安全、优质、无污染。

 "稻田免耕稻草覆盖（薯—稻—薯）"模式技术要点有哪些？

（1）中稻栽培技术。选好品种，选择生育期在 120～125 天的早中熟品种。4月下旬播种，精细育秧，培育壮秧。秧龄控制在 25 天左右，5 月中下旬移栽。合理密植，每 667 平方米插 2 万蔸左右，每蔸 2～3 苗。科学管水，壮秆健蔸，做到浅水分蘖，苗到晒田，有水孕穗，湿润灌浆，后期不断水。科学施肥，做到施足底肥，早施分蘖肥，巧施穗肥，补施粒肥，氮磷钾混合比例 2∶1∶3。8 月下旬至 9 月初收获，可以机收，要求稻桩不超过 5 厘米。

（2）秋马铃薯栽培技术。选好品种，选择生育期在 55～65 天的早熟品种，如费乌瑞它、中薯 5 号、早大白等。7 月中旬前备种，没有打破休眠的先用"920"处理进行催芽，有芽的种薯室内摊放，散光炼芽。9 月上旬播种，种薯以 30～50 克为宜，应避免切块，密度 8 000 株左右，采用宽窄行（50 厘米＋30 厘米）种植，株距为 20～24 厘米。施足底肥，以有机肥、磷钾肥为主，每 667 平方米施入腐熟有机肥 1 000～1 500 千克、复合肥 50 千克。种薯摆好后，应及时均匀覆盖稻草，覆盖厚度 10 厘米左右，并稍微压实。出苗后管好肥水，早施苗肥，及时追肥，抗旱排渍。在马铃薯一进入初蕾期即用多效唑均匀控长控花。注意及时防治晚疫病、病毒病、青枯病、软腐病、二十八星瓢虫等病虫害。秋马铃薯在霜冻来临之后，地上茎被冻死，地下块茎停止生长，这时候可以集中收获，也可以边销售边收获。

（3）春马铃薯栽培技术。春马铃薯 1—2 月播种，4 月下旬至 5 月上旬收获。春马铃薯与秋马铃薯栽培技术一样，可以用相同的品种和种植管理方式，但有几个地方需要注意：一是秋马铃薯刚刚收获，休眠尚未打破，原则上不用上季马铃薯作为种薯；二是春马铃薯生长季节温光条件好，密度应该低于秋马铃薯，以每 667 平方米 6 000 穴为宜；三是春马铃薯种植后，应对厢沟进行一次清理，防止田间渍水。

 "马铃薯—玉米—甘薯"模式栽培要求有哪些？

（1）选择适宜的优良品种。马铃薯以郑薯 6 号、费乌瑞它、中薯 3 号、华薯 1 号等品种较为适宜。玉米品种有宜单 629、鄂玉 20 号、帮豪玉 108、康农玉 007 等。甘薯品种有龙薯 9 号、苏薯 8 号及本地自留品种。

（2）选择适宜的种植规格。一般带幅 1 米。玉米、马铃薯均单行种植。玉米播幅 40 厘米，种植密度为每 667 平方米 2 800 株。春马铃薯播幅 60 厘米，种植密度为每 667 平方米 4 500 株。冬马铃薯收获后栽插甘薯，甘薯栽插密度为每 667 平方米 3 000 株。

（3）确定合适的施肥比例。以"有机肥为主，配方施肥"为原则。玉米重施底肥、穗肥，巧施粒肥。底肥：每 667 平方米有机肥 2 000 千克、复合肥 50 千克、硫酸锌 2 千克，所有底肥在播种前开沟深施起垄。苗肥：每 667 平方米尿素 7 ～ 8 千克。穗肥：每 667 平方米尿素 20 千克、钾肥 15 千克。马铃薯每 667 平方米底施农家肥 2 000 千克、复合肥 75 千克、硫酸锌 1.5 千克。出苗期每 667 平方米追施尿素 10 千克，现蕾期每 667 平方米追施尿素 15 千克、硫酸钾 1 千克。甘薯栽插时不施肥，视苗情追肥提苗。

（4）加强田间管理。玉米适时早播、早管。间套在马铃薯地里的玉米，要适时早播，可在马铃薯即将出苗时播种，争取玉米早出苗，早出林。若播晚了，出苗不久，马铃薯就封行，苗子受荫蔽时间长，易形成细弱苗，导致减产。因此，要注意：①早管，玉米出苗后要及时管理，做到早匀苗，在 4 ～ 5 片叶时多次间苗，以免造成苗荫苗而成为线苗。②早锄草，避免形成草荒苗，消耗养分。③早追肥，锄头遍草后及时追施提苗肥。玉米 6 ～ 9 叶期使用金得乐进行化学调控，控制株高。及时中耕、除草、培土。大喇叭口期用 Bt 可湿性粉剂拌毒土丢心，防治玉米螟。甘薯活棵后封垄前进行中耕、除草、培土，并追催薯肥。马铃薯重点做好晚疫病的防治，现蕾期用多效唑进行化控。

（5）适时抢收马铃薯。5 月中、下旬马铃薯下部叶片开始发黄，即表明已成熟，要及时抢收，以便改善玉米生长环境，收获马铃薯时，正是玉米管理的关键时刻，可结合马铃薯收获对玉米进行第二次中耕、施肥、培土，促进玉米壮籽并防止倒伏。

（6）及时栽种秋甘薯。马铃薯收获后，及时整地，同时施入足够的有机肥，耕整起垄，每 667 平方米栽 4 000 ～ 4 500 株，栽后 60 ～ 80 天在垄开裂缝时，看薯施足长薯肥，促进多生快长。

6 山区"玉米—辣椒"模式栽培要求有哪些？

（1）选择适宜的优良品种。玉米选用适合高山气候特点高产优质品种康农玉 901、康农玉 108、金玉 506 等；辣椒选用芜湖椒。

（2）控制合理的种植密度。辣椒 4 月上旬播种育苗，5 月中下旬移栽定植，辣椒种植密度为每 667 平方米 3 200 ～ 3 500 株；玉米（或甜玉米）4 月下旬至 5 月上旬播种育苗,6月中旬移栽,单行种植,株距 0.5 米,种植密度为每 667 平方米 500 株。采用 2.4 米宽幅一带,玉米行距 2.4 米,两行玉米中间种植辣椒 2 垄,2 垄辣椒间留空行便于田间管理和采摘。辣椒每垄 2 行,种植 4 行。

(3)加强田间管理。在玉米 6 ~ 9 叶期及时用多效唑控制拔节高度,促进矮壮,增强抗倒伏能力并减少对辣椒遮阴。及时中耕、除草、培土和追肥,促进根系生长。重点防治辣椒疫病、白星病、软腐病、炭疽病及烟青虫等病虫害。

 "玉米—半夏"模式中半夏种植要注意什么?

(1)半夏贮藏与催芽。半夏的栽培方法有块茎、珠芽、种子三种,以小种茎作种最好。种茎选好后,将其拌以干湿适中的细沙土,贮藏于通风阴凉处,于当年或翌年春季取出栽种,以早春栽种为好,秋冬栽种产量低。

(2)半夏的栽培。宜早不宜迟,一般 2 月底至 3 月初,催芽种茎的芽鞘发白时即可栽种(不催芽的也应该在这时栽种)。适时早播,可使半夏叶柄在土中横生并长出珠芽,在土中形成的珠芽个大,并能很快生根发芽,形成一棵新植株,并且产量高。在整细耙平的畦面上开竖沟条播。按行距 10 ~ 15 厘米,株距 6 ~ 9 厘米,开沟宽 10 厘米,深 5 厘米左右,在每条沟内交错排列 2 行,芽向上摆入沟内。用种量为每 667 平方米 50 ~ 100 千克。

(3)半夏的田间管理。一是及时中耕除草。半夏植株矮小,在与杂草的竞争中处于劣势,因此需要及时拔除杂草,力争做到除早、除小、除了,避免草荒。二是要加强肥水管理。半夏喜湿润,怕积水,出苗后要经常保持土壤湿润,宜促进块根生长;在雨季来临之际,又要注意排水,防止因积水而引起块根腐烂;半夏喜肥,定植前需要施入基肥,每 667 平方米有机肥 3 500 ~ 4 000 千克、过磷酸钙 45 ~ 50 千克,在生长过程中还要根据生长情况进行多次追肥,以促进块茎和珠芽生长。三是要及时摘花蕾。使养分集中供应生长,有利于增产,因此除留种外,应于 5 月抽花葶时及时摘除花蕾。

(4)半夏病虫害防治。叶斑病常在高温多雨季节发生,需要在发病初期喷 1:1:120 的波尔多液或 50% 多菌灵 800 ~ 1 000 倍液或施布津 1 000 倍液喷洒,每 7 ~ 10 天 1 次,连续 2 ~ 3 次。夏季食叶蛾类幼虫咬食叶片,可用 90% 敌百虫 800 ~ 1 000 倍液喷洒,每 7 ~ 10 天 1 次,连续 2 ~ 3 次。

(5)半夏采收加工和贮藏。可于霜降至立冬,半夏地上茎叶枯萎时采收,过早影响质量,过迟则不易脱皮。采挖时,自畦的一端依次浅翻细翻,将块茎捡起,除去须根,按大小分级,大号加工商品,中小号留作种茎,过小的(直径在 10 毫米以下)留于土中继续培养,待翌年长大后再采收。采回的生半夏,先拌以石灰粉,堆成厚 15 ~ 20 厘米的堆,让其发汗 4 ~ 5 天,待其外皮稍烂易搓时,装入箩筐中,置于流水处,脚穿长筒靴,用脚踩搓,除去外皮使之呈洁白色,晾干水汽,然后晒干或烘干。一般产量在每 667 平方米 300 千克左右,鲜品折干率为 30%。半夏因含有毒成分,需要按毒性中药贮藏,装入专用木箱中,并贴上标签,放置于阴凉处。

8 "春甘蓝—玉米—秋甘蓝"模式中春甘蓝、秋甘蓝栽培技术要点有哪些?

(1)春甘蓝高产栽培技术。选用良种。选用抗寒性强,结球紧实,品质好,不易抽薹,适于密植的早熟品种。如圆球形甘蓝旺旺、中甘 11 号、鲁甘 1 号、中甘 12 号等品种。

适时早播。一般在 12 月中下旬至 1 月上旬温室或阳畦育苗,每 667 平方米用种 30 克,可直播或催芽后播种。播后覆细沙土 0.5 厘米,然后覆盖塑料薄膜。

幼苗管理。幼苗期温度,白天控制在 20 ~ 25℃,夜间不低于 2℃。土壤湿度以保持湿润、不裂缝为宜。2 叶 1 心时进行分苗,3 叶期后增温保温,防先期抽薹,分苗后白天保持 23 ~ 25℃,夜间不低于 12℃,以后逐步放风,使温度保持在 18℃,当植株长到 4 ~ 6 片叶时,将苗带土铲起,囤苗 2 ~ 3 天,即可定植。

合理密植。在春季霜冻过后,地温稳定在 5℃以上,畦温不低于 9℃时方可定植。一般可于 2 月底至 3 月上旬,选择晴天上午定植。每 667 平方米株行距为 40 厘米×50 厘米,每 667 平方米栽 3 300 ~ 3 500 株,定植后立即浇水,浇水后立即盖上薄膜。

科学施肥。每 667 平方米底施腐熟粪肥 3 000 ~ 4 000 千克、复合肥 50 ~ 60 千克。定植后 15 天左右进行第 1 次追肥,每 667 平方米施尿素 15 千克。以后适当控水蹲苗,当球叶开始抱合时进行第 2 次追肥,每 667 平方米施尿素 20 ~ 30 千克。此后每隔 5 ~ 7 天浇 1 次水,但在收获前几天停止浇水,以利运输。

综合防治病虫害。定植后注意防治黑腐病、病毒病、菜青虫、小菜蛾及夜蛾等病虫害。

提早采收。为争取早上市,在叶球八成紧时即可陆续采收上市。一般 4 月初开始收获,3 ~ 4 天采收 1 次,以后隔 1 ~ 2 天采收 1 次。

(2)秋甘蓝栽培技术。选用良种。秋甘蓝多在夏季播种,秋末冬初收获。品种可用中甘 11 号、中甘 15 号、福星 1 号、福星 2 号等。

苗期管理。早秋甘蓝一般于 8 月下旬播种,9 月中旬定植。苗龄 20 ~ 30 天为宜。早秋甘蓝播种后及时搭棚盖纱网防热降温和防暴雨冲击,苗期做好分苗、间苗工作。营养盘育苗每穴留 1 株壮苗,分苗后 3 天用 1% 复合肥追肥水 1 次,每隔 5 ~ 7 天追水肥 1 次,在移栽前 5 ~ 7 天停止追肥、适当减少浇水、增加光照进行炼苗,及时防治病虫害。移栽前浇水以利带土移栽。

施足基肥。一般每 667 平方米施用腐熟厩肥或堆肥 3 000 ~ 4 000 千克、复合

肥 50 ～ 60 千克。

适时定植。7 ～ 8 片叶时选阴天或晴天傍晚进行。定植前 1 天,苗床浇透水,挖苗不要伤根过多。定植时适当浅栽,浇足定根水。保持缓苗期水分供应,以利全苗。每 667 平方米株数在 4 000 株左右,株距 40 厘米左右,行距 50 厘米左右。

科学追肥。秋甘蓝追肥分别于莲座叶形成时、莲座叶生长盛期、结球前期、结球中期各追肥 1 次,结球后期停止追肥。整个生育期每 667 平方米追施尿素 40 ～ 80 千克、磷酸二氢钾 10 ～ 15 千克、复合肥 20 ～ 30 千克。

抗旱排涝。前期注意松土透气,防旱、防草。中后期肥水齐攻,旱时及时浇水,保持土壤见干见湿,进入莲座期后保持土壤湿润。收前半个月控制水肥,以利收贮。

防病治虫。定植后注意防治黑腐病、病毒病、菜青虫、小菜蛾及夜蛾等病虫害。

适时收获。当叶球基本包实、外层球叶发亮时及时收获。对结球不整齐的地块分期收获。采收时间应该在清晨露水干后或近傍晚进行。

 "羊肚菌—玉米"模式中羊肚菌如何栽培管理?

(1)栽培季节。一般海拔 600 米以上地方可以提前到 10 月底播种。海拔低的地方 11 月初至 11 月中旬播种。

(2)栽培前的准备。选择栽培场地。羊肚菌在海拔 100 ～ 3 500 米都可生长。排灌良好,背风向阳,土壤肥沃。

翻耕杀虫。为了尽量减少病虫害的发生,提高产量,栽培土地要用石灰和广谱杀虫药进行杀虫灭菌处理,石灰用量一般为每 667 平方米 50 ～ 75 千克,流程如下:地表喷洒杀虫药→撒石灰→旋耕→喷洒杀虫药→把大的土块耙细。整厢大田处理后即可进行整厢。根据各种地块的形状,沿着沥水的方向起厢,一般厢面宽 100 ～ 120 厘米、厢高 20 厘米,走道宽 30 厘米。

搭建遮阳棚柱。整厢完成后,即可进行遮阳棚柱桩的搭建。遮阳棚高 2 米,就地选择木桩或者较粗的竹子,长 2.5 米,将其中 50 厘米打入地下,桩与桩之间用铁丝连接和固定。

播种菌种。播种方式一般多用撒播,即将菌种均匀地撒在厢面上,然后用土壤覆盖。覆土厚 2 ～ 3 厘米。菌种用量为每 667 平方米 250 ～ 300 袋。播种后,马上要进行覆膜。覆膜的作用主要是保温、保水和除草。使用黑色的地膜进行直接平铺覆盖,或者起小拱进行覆盖。根据栽培地区海拔的高低和播种时的气温,一般情况下,高海拔地区如西部山区,建议春节后气温回升时再搭盖遮阳网,防止大雪压垮遮阳棚。

放置营养袋。羊肚菌栽培过程中,二次营养的加入是羊肚菌人工栽培成功的关键,目前加入的方式是以麦粒、谷壳、棉籽壳以及木屑为原料,按一定的比例(麦粒 40%、谷壳 30%、草粉 20%、麸皮 10%）装袋灭菌后进行大田放置。每 667 平方米放置营养袋的数量是 1 500 袋。每袋间隔 20 ～ 30 厘米。一般情况下，播种后 10 ～ 15 天，当菌床上长满白色的像霜一样的分生孢子时，开始放置营养袋。营养袋的放置方法是将灭完菌的营养袋的一侧面打满孔，将打满孔的一面平放在菌床表面，稍用力压实。营养袋放置后，在温度适宜的情况下，15 天左右菌丝就会长满菌袋，40 ～ 45 天后，营养袋麦粒的营养被羊肚菌菌丝耗尽，麦粒由饱满变瘪以后，即可移开营养袋。

（3）保育和出菇管理。菌丝保育，在整个菌丝生长过程中，做到雨后及时排水，干旱时及时补水。水分管理要保持地表的土粒不发白。气温回升到 6 ～ 10℃时，进行一次大的水分管理，进行催菇处理，刺激出菇。出菇期间保持一定的温度和适宜的湿度是获得栽培成功的关键。

 山区"辣椒—眉豆"模式栽培要求有哪些？

（1）田间布局。实行带状间作，带距 3.6 米。每带种植 1 垄眉豆和 2 垄辣椒，每垄占地均为 1.2 米。两种作物的整地、起垄、施肥和覆膜同时进行，便于机械化作业。眉豆每带 1 垄，每垄种 2 行，穴播，垄上行距 33 厘米，穴距 45 厘米左右，每 667 平方米 850 穴，每穴播种 3 粒、留苗 2 株。辣椒每带 2 垄，每垄栽 2 行，垄上行距 33 厘米、穴距 33 厘米左右，每 667 平方米 2 250 穴，每穴 2 株。

（2）选用良种。辣椒选用薄皮元帅等芜湖椒品种；眉豆选用兴山昭君眉豆。

（3）整地施肥。4 月下旬至 5 月上中旬开沟施肥，每 667 平方米施腐熟栏粪 500 千克。辣椒每 667 平方米施复合肥 67 千克，眉豆每 667 平方米施入复合肥 25 千克、硫酸钾 5 千克，用机械起垄覆膜。作物生长期间不再进行耕作和施肥。

（4）搭架。眉豆出苗后用长 2.2 ～ 2.5 米的竹竿或木杆搭架，每穴 1 根，将相邻 4 根在距顶部 30 厘米处绑缚在一起。

（5）病虫害防治。眉豆齐苗后 1 周左右全田防治小地老虎。7 月下旬在眉豆初花期防治豆荚螟。注意防治辣椒炭疽病、疫病等病害。

 "茶叶＋山胡椒"模式技术要点有哪些？

（1）茶园种植技术要点。茶园建设。间作山胡椒的茶园如果要适宜机械生产，要求大行距平地茶园为 1.7 米，坡地茶园为 1.8 ～ 2.0 米，2 ～ 3 行茶园种植 1 行山胡椒树，茶园为双行条植，山胡椒为单条。每 667 平方米茶园种植 5 000 株茶苗。

茶园管理。一是早秋施基肥。时间一般在 10 月上中旬进行，每 667 平方米施饼肥 100 千克、粪肥 1 000 千克左右，抽槽深施，施肥后立即覆土。二是实行平衡施肥，分次追肥，及时喷施叶面肥，提高肥料利用率。在施肥过程中及时清除田间杂草和松土。三是合理修剪,培养优质丰产的树冠。四是分期分批按标准采。春茶手工采,夏秋茶机采。五是防治病虫害。要坚持"预防为主、防重于治、综合防治"原则。茶园采摘季节严禁茶园使用剧毒农药或茶园禁用的农药。

(2)山胡椒种植技术要点。生长环境。山胡椒为中性偏阳的浅根性树种,海拔300～1 000米均可种植,喜光照,耐干旱瘠薄,也稍耐阴湿,抗寒力强。对土壤适应性广,pH值为4.5～6.0的酸性红壤、黄壤及山地棕壤,以湿润肥沃的微酸性沙质土壤生长最为良好。

大窝定植。茶园中种植山胡椒以幼龄茶园每667平方米种植70～100株为宜,2～3年后随着茶园覆盖度的增加,进行疏株间伐,成龄采摘茶园内每667平方米保留山胡椒40～60株为宜。定植时间以11月至翌年3月为宜。定植时挖长宽60厘米、深50～60厘米的大窝,窝内施入杂草后,施粪肥30千克左右、过磷酸钙0.5～1.0千克。施肥后覆土定植,坡地茶园每667平方米定植山胡椒100株左右。

科学施肥。山胡椒树栽后当年一般可不施肥,以后每年施肥2～3次,6—7月施果后肥,11—12月施促花肥,3月施叶面肥。施肥以有机肥为主,加施磷钾肥。一般采用沟施,每667平方米施粪肥700～1 000千克,过磷酸钙＋钾肥等20～25千克。为了避免大量开花而形成营养失调,要多次根外施肥,开花期每隔5天喷施0.2%磷酸二氢钾溶液1次。

田间管理。从移栽至第2年幼株期间,每年应中耕、除草、追肥2～3次,第3年后,每年至少松土1次。栽后1～2年晚秋或冬季,采用自然开心形或主干疏层形,60厘米左右定主干,栽后2～3年开花结果。当进入开花期,应分辨雌雄株逐步疏伐,每667平方米茶园内保留间作山胡椒树40～60株。在疏伐时,要注意隔一定距离保留1株雄株作授粉树,每667平方米保留4～6株即可。

12 "核桃＋马铃薯—豆类(红小豆、夏大豆)"模式中马铃薯、豆类栽培技术要点有哪些?

(1)马铃薯栽培技术要点。品种选择。选择鄂马铃薯5号、费乌瑞它等优良品种。

平衡施肥。沟施垄种,底肥每667平方米施农家肥3 000千克、45%硫酸钾复合肥30千克、过磷酸钙20千克。生长期每667平方米追施尿素15千克、硫酸钾16千克。

种植密度。核桃密度4米×8米的种植方法:在8米空行中种植,距离核桃树0.6米,中间起7垄,垄宽80厘米、高20～25厘米,垄沟20厘米,每垄穴播2行,种薯相互错开,小行距30厘米,株距25厘米,每667平方米种植4 500株。核桃密度 4 米 × 5 米的种植方法：在 5 米空行中种植，距离核桃树 0.6 米，中间起 4 垄，每 667 平方米种植 4 200 株。

加强田间管理，培育壮苗。中耕除草，追肥提苗。

防治病虫害。轮作换茬，防治晚疫病及地下害虫。

（2）红小豆栽培技术要点。选用优良品种。品种有美国红、红衣宝、河北红小豆等。

整地施肥，适期播种。在播种前要精细整地，深耕细耙，红小豆生育期较短，施肥增产十分显著，因此，应以整地时一次重施底肥为主，如土壤肥力较差，可在幼苗期追施少量的速效氮，能起到显著的增产作用。一般要求每 667 平方米施农家肥 1 500 ～ 2 000 千克、过磷酸钙 15 ～ 20 千克、尿素 2.5 千克。生育期追尿素 7.5 ～ 10.0 千克。

适时播种。6 月中下旬播种，播前药剂拌种，晒种，采用条播，播深 3 ～ 5 厘米，穴距 15 ～ 20 厘米，每穴 3 ～ 4 粒种子，播种后覆土，播种量为每 667 平方米 2.5 ～ 3.0 千克。

合理密植、保证株数。小豆行距 40 ～ 50 厘米，每 667 平方米留苗 1 万～ 1.2 万株。

加强田间管理。①早定苗。播后 7 ～ 10 天，苗展开 2 ～ 3 片真叶时定苗，疏密留稀，可适当留些备用苗作移栽苗用。②中耕除草，防止草荒。③防治病虫害。在开花期和结荚期防治豆荚螟和食心虫，一旦发生病虫害，可用高效低毒农药速灭杀丁进行防治。④追肥灌水。在现蕾初期追肥，有灌水条件的地块遇到旱时灌好丰产水。

适时收获，防止炸荚。全株荚果有 2/3 变成白黄色时收获，以减少损失。

（3）夏大豆栽培技术要点。选用良种。选择丰产性好、优质、抗逆性强的优良大豆品种。目前种植的品种以地方优质品种居多。应注意的是，大豆种植区域性较强，未经试种，盲目引种会导致失败。

适时播种。一般 6 月下旬至 7 月上旬播种。

种植方式及规格。核桃密度 4 米 × 8 米的种植方法：在 8 米空行中种植，距离核桃树 0.6 米，中间开 7 厢，厢宽 80 厘米，沟宽 20 厘米，在厢面上按 16 厘米 × 26 厘米的窝、行距挖窝浅播，每窝播种子 3 ～ 4 粒，每 667 平方米用种量 6 ～ 7 千克，出苗后及时补苗、间苗，每窝留苗 2 ～ 3 苗，每 667 平方米成苗 3 万以上。核桃密度 4 米 × 5 米的种植方法：在 5 米空行中种植，距离核桃树 0.6 米，中间开 4 厢，厢宽 80 厘米，沟宽 20 厘米，种植规格同上，每 667 平方米成苗 2.8 万株以上。

合理施肥。增施磷钾肥，适当追施氮肥、微肥。每 667 平方米施过磷酸钙 30 千克、硫酸钾 5 千克、草木灰 150 千克、有机肥 1 000 千克，混沤制后盖窝。出苗后用尿素 2 ～ 4 千克兑清粪水提苗 1 次。在花荚期每 667 平方米用磷酸二氢钾 100 ～ 150 克和硼肥、钼肥 50 ～ 100 克,兑水 40 ～ 50 千克根外追肥,以利保花、保荚。

加强田间管理。播种时正遇高温,有条件的地方可采用起垄后灌水,若播后水分不足,要及时抗旱。及时查苗、补苗,防止缺苗。及时中耕除草 2 ～ 3 次。防治蚜虫、斜纹夜蛾、豆荚螟等病虫害。大豆生长过于繁茂时,可用多效唑喷施叶面,控制徒长。

及时采收。避免过熟裂荚落粒,影响产量。

13 低海拔地区"魔芋—玉米—四季豆"模式栽培管理要注意什么?

(1)搞好田间布局。厢面宽 1.2 米,沟宽 0.3 米,每厢起 2 垄,垄高 10 ～ 15 厘米,垄宽 50 厘米,一垄在 3 月中下旬播种 1 行魔芋,一般 150 克左右的魔芋种株距为 25 ～ 30 厘米;3 月下旬至 4 月上旬在预留的另一垄上种 1 行玉米,株距 30 厘米,每穴直播 2 ～ 3 粒种子;6 月中下旬在玉米植株之间播 1 行四季豆,每穴直播 3 ～ 4 粒种子。

(2)选用高产优质良种。魔芋主栽品种为花魔芋,宜选用大小相对一致(一般不超过 150 克),表面光滑、种脐小、无伤、无病虫害的优质种芋;玉米宜选用宜单 629 等抗病、抗倒伏品种;四季豆宜选用较耐热、抗病、适应性强,且结荚较集中、结荚率较高、早熟丰产的优良品种。

(3)重施基肥,增施钾肥。播种前重施基肥,每 667 平方米施充分腐熟的农家肥 2 500 ～ 5 000 千克、复合肥或魔芋专用肥 50 ～ 80 千克。由于魔芋对氯离子敏感,忌用氯化钾型专用肥或氯化钾型复合肥。及时追肥,6 月中旬开始可用磷酸二氢钾进行叶面追肥,可与防治魔芋病害药剂混配施用。

(4)地膜覆盖,除草增温。魔芋播种后采用黑色地膜覆盖,注意魔芋出苗时及时破膜,玉米及四季豆均是破膜播种。

(5)重点防治魔芋软腐病、白绢病等病害。

14 "猪—沼—果(菜、茶)"模式有哪些要求?

(1)基本要求。沼气池(沼气工程)在选址时要与果园、菜园、茶园、养殖场和种植作物相互兼顾,便于进出料和施肥,有利于保持清洁卫生。

(2)合理施肥量与施肥方式。

果园:通常在春、秋季时作为底肥施用,每 667 平方米施用量为 1 000 ～ 2 000 千克。施用方法很简单,将沼渣施于果树基坑内。果树生长期还可以喷施沼液。一般施用时取纯沼液较好,如气温较高,不宜用纯沼液,应加入适量水稀释后喷施。

菜园:沼渣作基肥时,每 667 平方米用沼渣 1 500 ~ 3 000 千克,在翻耕时施入,也可以在移栽前采用条施或穴施。沼液作追肥时,可以适当澄清稀释,少量多次,结合滴灌施入。

茶园:一般选择在茶树休眠期将沼渣作基肥,宜早不宜迟,施基肥后结合茶园深耕,有利于越冬芽的正常发育,为翌年早春多产优质鲜叶打好基础。茶园追肥可以将沼液与清水 1:1 的比例混合,每 667 平方米施沼液 100 千克。

(3)注意事项。一是必须使用正常产气 3 个月以上、无原料"短路"现象的沼气池中的沼肥;二是所用沼渣应取自沼气池底部,所用沼液应取自沼气池中部,避免取用浮渣;三是对沼液、沼渣进行充分的曝气处理;四是严格把握沼渣或沼液施肥浓度、数量、时间,防止烧伤作物叶片和根系;五是掌握好叶面施肥喷施时间、方法和配比。

15 "果—草—鸡"模式需要注意哪些问题?

(1)放养的基本条件。一是市场预期及养殖茬次。根据市场供需情况,控制养殖批次。二是饲养规模。可根据果园可利用面积、草量、房屋条件来确定。一般房屋每平方米养 10 只,果园每 667 平方米养殖 30 只。三是饲养技术。充分了解饲养鸡的品种及生活习性,掌握养殖技术。四是交通便利、水电齐全。便于物资运输及鸡的销售。

(2)饲养前的准备。一是草种的购买,土地的整理。一般每 667 平方米须种 10 千克左右,10 月中旬播种。二是备足物资。料桶和料盘,20 ~ 30 只 / 个;塑料真空饮水器,50 只 / 个;养殖前期用全价饲料,约 2 千克 / 只,后期用配合饲料,约 5 千克 / 只;常用药物,如保健中药、疫苗、消毒剂等;锯末、谷壳、麦秸(铡短)做成的垫料;保温增温设施,在进雏鸡前 1 ~ 2 天将鸡舍升温至 32℃左右。三是房屋消毒。用 15% ~ 20% 白石灰乳涂刷,垫料器具全部消毒。

(3)雏鸡挑选与处理。选择脱温 20 天左右,毛色光亮,健康活泼,进行了检疫防病的鸡苗。刚刚采购的雏鸡进舍后让其休息 30 ~ 60 分钟,使其活动正常时先饮温糖水(42℃左右,5%)、盐水(0.3%),30 ~ 60 分钟后再喂料,防止长途运输久渴后暴饮造成伤害。

(4)日常精细管理。温度:出壳第一周宜 35℃,以后每周降 2 ~ 3℃,产蛋鸡最适宜温度在 8 ~ 22℃。

密度:第一周每平方米 40 只,以后逐渐过渡到每平方米 10 只。

饲喂:雏鸡做到少喂勤添,1 月龄每天 4 ~ 5 次,3 月龄每天 3 次。

分群:按日龄、强弱、大小、公母分群饲养,对弱小雏鸡加强护理,增加营养和锻炼。

光照：30 日龄左右可用 24 小时光照，3 瓦 / 米²，逐步过渡到自然光，产蛋鸡在 18 周龄开始补光，补至 16 小时为止，保持 8 小时黑暗。

（5）病虫害防疫。做到"三勤三及时"。"三勤"即勤换垫料、勤消毒、勤观察，发现异常及时处理。"三及时"即及时防疫，在饲料或饮水中加入药物防病；及时驱虫，在 3 日龄防蛔虫病，20～60 日龄在饲料中加入抗球虫病药，防治球虫病；及时防止鼠、狗等咬伤。

 稻田综合种养的模式主要有哪几种？

稻田综合种养技术是在稳定水稻生产的前提下，将稻田种稻和渔业（鳖、虾、蟹、鱼）或禽类（鸭、鹅）养殖业结合起来，把两个生产场所重叠在一起，构建"稻—鱼"或"稻—禽"复合生态系统，发挥水稻和鱼（禽）共生互利的作用，减少农药化肥施用，减轻农业面源污染，促进水稻绿色生产，实现水稻和水产品（禽产品）共生互利的综合效益。

目前稻田综合种养的模式主要有"稻虾""稻蟹""稻鳖""稻鳅""稻鳝"等稻渔共生模式以及"稻鸭""稻鹅"等稻禽协同模式。

 稻田综合种养对稻田条件有什么要求？

用于稻田综合种养的稻田，环境条件要求：

（1）地理环境。养虾稻田应是生态环境良好，远离污染源；底质自然结构为壤土或黏壤土，无有毒有害物质，保水性能好；旱季不涸，雨季不涝。

（2）水源水质。水源充足、水质清新，排灌方便。

（3）面积。面积大小不限，一般以 6 000～20 000 平方米为好，便于管理。

 稻鸭共育模式技术要点有哪些？

（1）选择合适的品种。水稻选择优质、抗倒、抗病品种，如两优培九、丰两优 1 号等；鸭品种选择体型较小、抗病力强并适于放牧饲养的蛋鸭、肉蛋兼用型中小型品种，湖北境内以荆江麻鸭、杂交野鸭为主。地点应选水源充足，排灌方便，田边有水沟，无污染，符合无公害生产的稻田。

（2）确定种养规模。6 000～16 000 平方米的稻田为一单元，每 667 平方米放 12～15 只鸭。

（3）落实配套设施。准备围网、竹竿、频振灯、鸭棚、育雏场地等设施，频振灯按每 30 000～40 000 平方米 1 盏准备；鸭棚每平方米养鸭 10 只左右，备足物资。

（4）合理分育，培育壮秧，提高雏鸭成活率。一是安装好设施。放鸭之前搭好鸭棚，建好围网，围网高度 60 厘米左右，安装频振灯。二是搞好水稻管理。适时播种,培育壮秧。开好丰产沟,施足底肥,注重施用沼气肥、有机肥。适时移栽,规格插植,插足基本苗。早施返青分蘖肥。三是搞好养鸭管理。水稻插秧前一周购回 1 日龄鸭苗。雏鸭饲养密度,每平方米 25～30 只,按雏鸭生长要求搞好其他管理。

(5)种养协调,稻鸭两壮。大田分蘖期,稻田保持 5 厘米水层,晒田时鸭苗到水沟或有水田块活动。选用无公害农药防治病虫害,严禁施用三唑磷、甲胺磷等高毒、高残留农药,严禁使用除草剂,不能投入毒饵及有害物质,如灭扫利等。天气炎热或暴风雨时将鸭苗适时收回鸭棚休息。

19 稻虾共作模式技术要点有哪些?

稻虾共作是指在同一稻田中一年养殖两季小龙虾,并种植一季中稻,使水稻种植期间,小龙虾与水稻在稻田中同生共长。小龙虾吃掉稻田中的杂草、害虫,疏松土壤,提供有机肥,有利于稻秧生长,同时稻秧又为小龙虾避暑纳凉提供适宜的生长环境。稻虾共作是一种种养结合的生态高效模式,其主要技术要点如下:

(1)稻田条件。选择地势开阔平坦、避风向阳、环境安静的稻田。稻田的底质以壤土为好,土壤保水力强。田底肥而不淤,田埂坚固结实不漏水。稻田的水源充足、水质优良、稻田附近水体无污染、旱不干雨不涝,灌排方便。

(2)稻田改造与建设。①开挖环形沟。沿稻田田埂内侧四周开挖环形沟,围沟面积占稻田总面积的 8%～12%,沟宽 3.0～4.5 米,沟深 1.0～1.5 米。②加高加宽田埂。利用挖环形沟的泥土加宽、加高、加固田埂,打紧夯实。改造后的田埂,要求高度在 0.5 米以上,埂面宽不少于 1 米,池堤坡度比为 1.0:(1.5～2.0)。③设置防逃设施。可使用网片、石棉瓦和硬质钙塑板等材料建造,其设置方法:将石棉瓦或硬质钙塑板埋入田埂泥土中 20～30 厘米,露出地面高 50～60 厘米,然后每隔 80～100 厘米处用一木桩固定。稻田四角转弯处的防逃墙要做成弧形,以防止鳖沿夹角攀爬外逃。在防逃墙外侧 50 厘米左右用高 1.2～1.5 米的密眼网布围住稻田四周,在网布内侧的上端缝制 40 厘米飞檐。④完善进、排水系统。进水口和排水口必须成对角设置。进水口建在旧埂上,排水口建在沟渠最低处,由 PVC 弯管控制水位。与此同时,进、排水口要用铁丝网或栅栏围住。

(3)苗种投放前的准备。稻田工程完工后,在环形沟和田坡上栽种水草,主要以苦草、轮叶黑藻、伊乐藻为主,水草覆盖面积约占环形沟面积的 40% 为宜。在苗种投放前 7 天,环形沟内施放基肥,培育天然饵料,保证虾苗有充足的饵料。有条件的还可适量投放水蚯蚓。

(4)小龙虾放养。虾种投放分两次进行。第一次是春季投放虾苗,一般在 2—3 月,每 667 平方米投放规格 260～500 只/千克的幼虾 1 万～1.5 万只。第二次是 8—9 月,每 667 平方米放养规格 30 克/只左右的亲虾 15～25 千克。

(5)水稻栽培。养虾稻田一般选择中稻田,水稻品种要选择抗病虫害、抗倒伏、耐肥性强、可深灌的紧穗型品种。秧苗一般在 6 月中旬前后开始栽插。利用好边坡优势,做到控制苗数、增大穗。采取浅水栽插、宽窄行模式,栽插密度以 30 厘米×15 厘米为宜。在栽培方面要控水控肥,整个生长期不施肥,早搁田控苗,分蘗末期达到 80% 穗数苗时重搁,使稻根深扎;后期干湿灌溉,防止倒伏。为了方便机械收割,一定要晒好田。晒田时,使田块中间不陷脚,田边表上以见水稻浮根泛白为适度。田晒好后,及时恢复原水位,不要晒得太久。

(6)日常管理。①饵料投喂。3 月至 5 月中旬加大投喂,投喂鱼糜、绞碎的螺蚌肉和动物内脏、菜饼、豆渣、大豆、莴苣叶、黑麦草等。具体的投喂量视水温、天气、小龙虾的摄食及活动情况而定。②水质调节。做好环形沟的水质调控,保持水中肥度;适时调控水位,加注新水,每次注水前后水的温差不能超过 4℃。每年 9 月中旬后是褐稻虱生长的高峰期,稻田里有了虾,只要将稻田的水位提高十几厘米,虾就会把褐稻虱幼虫吃掉。③科学晒田。晒田时,使田块中间不陷脚,田边表土以见水稻浮根泛白为适度。田晒好后,及时恢复原水位,不要晒得太久。④巡田。经常检查小龙虾的吃食情况,检查防逃设施,消灭敌害生物,防止水质败坏。⑤实行轮捕轮放,实现稻虾连作、稻虾共作与小龙虾生态繁育。2—3 月放养的幼虾,经过 2 个月的生长,将达到商品规格的小龙虾捕捞上市出售,未达到规格的继续留在稻田内养殖,降低密度,促进小规格的小龙虾快速生长。在 5 月上旬至 7 月中旬,采用虾笼、地笼网起捕,效果较好。

二、常见水果绿色高效种植技术

20 桃树对种植环境条件有哪些要求？

桃树为喜温树种，适宜种植在年平均气温 12 ～ 15℃，生长期平均气温 19 ～ 22℃的地区。桃树具有喜光的特性，对光照不足极为敏感，一般年平均光照时数在 1 500 ～ 1 800 小时即可满足生长发育需要。桃树光合作用最旺盛的季节是 5—6 月，如果树冠郁闭，果实会着色不良，严重影响商品果品质。因此桃树种植密度不能太大，树形宜采用开心形，避免造成遮光。果实成熟期间昼夜温差大，干物质积累多，风味品质好。桃树在冬季需要一定的低温来完成休眠过程，即一定的"需冷量"，一般栽培品种为 400 ～ 1 200 小时。

桃树最适土壤为排水良好、土层深厚的沙壤土。桃树对水分反应较敏感，最怕水淹。pH 值在 5.5 ～ 8.0 的土壤，桃树均可生长，但 pH 值为 5.5 ～ 6.5 的微酸性土壤最为适宜。桃树对重茬反应十分敏感，如园地前茬作物为桃、杏、李、樱桃等核果类果树易造成土壤营养缺乏、土壤病虫害累积，根系残留物如扁桃苷分解产生氢氰酸还会毒害桃树根系。

21 桃树在什么时候定植最好？

在桃树落叶前后到萌芽前，秋季和春季都可以种植，这个时期桃树苗处于休眠状态，树体内部贮藏养分较多，蒸腾量小，成活率高。其中以秋季落叶后最为适宜，此时地温较高，根系容易恢复。

22 盛果期的桃树怎样修剪？

(1)主枝的修剪。桃树盛果初期延长枝应以壮枝带头，剪留长度为 30 厘米左右。并利用副梢开张角度，减缓树势。盛果后期生长势减弱，延长枝角增大，应选用角度小、生长势强的枝条以抬高角度，增强长度，或回缩枝头刺激萌发壮枝。

(2)侧枝的修剪。修剪时对下部严重衰弱、几乎失去结果能力的侧枝，可以疏除或回缩成大型枝组。对有空间生长的外侧枝，用壮枝带头。夏季修剪应注意控制旺枝，疏去密生枝，改善通风透光条件。

(3)结果枝组的修剪。对桃树结果枝组的修剪以培养和更新为主，对细长弱枝组要更新,回缩并疏除基部过弱的小枝组,膛内大枝组出现过高或上强下弱时,轻度缩剪,降低高度,以结果枝当头。调整枝组之间的密度可以通过疏枝、回缩,使之由密变稀,由弱变强,轮换更新。均匀分布,保持各个方位的枝条有良好的光照。

(4)结果枝的修剪。对于大果形但梗洼较深的品种以及无花粉的品种,以中、短果枝结果为好。冬季修剪时以轻剪为主,先疏除背上的直立枝以及过密枝,待坐果后根据坐果情况和枝条稀密再行复剪。在夏季修剪中,通过多次摘心,促发分枝。当树势开始转弱时,及时进行回缩,促发壮枝,恢复树势。对于有花粉和中、长果枝坐果率高的品种,可根据结果枝的长短、粗细进行短截。一般长果枝剪留 20 ～ 30 厘米,中果枝剪留 10 ～ 20 厘米,花芽起始节位低的留短些,反之留长些。要调整好生长与结果的关系,通过单枝更新和双枝更新留足预备枝。

 桃树基肥什么时候施好?

以 9—10 月中旬为宜。此时新梢已停止生长,但根系仍在活动,尤其 9 月正处于根系的秋季生长高峰,施用基肥所造成的伤根,经过 20 天左右即可愈合并恢复和生长。为来年的生长结果打下了物质基础,施肥量可按 1 千克果施有机肥 2 ～ 3 千克。桃幼树每株施优质有机肥 30 ～ 40 千克、钾肥 0.5 千克、磷肥 1 千克,施肥后及时灌水。一般情况下,总施肥量的 70% 左右作为基肥,30% 左右用作追肥。

 桃小食心虫如何防治?

桃小食心虫防治方法如下:

(1)桃园内或周边不间种向日葵、玉米、高粱等作物。

(2)可以根据桃小食心虫幼虫(图1)脱果后大部分潜伏于树冠下土壤中的特点,

图1　桃小食心虫幼虫

在成虫(图2)羽化前,可在树冠下地面覆盖地膜,以阻止成虫羽化后飞出;发现被害枝梢后及时将桃梢顶部萎蔫叶片剪掉销毁,桃梢干枯后,幼虫可能已转移。摘除有虫果实,拾净园内落果,消灭果内幼虫。

(3)在桃小食心虫出土期,即5月下旬至6月上旬,对桃树树冠下的地面进行土壤施药处理。可每667平方

图2 桃小食心虫成虫

米用1.1%苦参碱粉剂2～4千克加水1 000～2 000千克直接浇灌树盘,用锄头翻土,或连续喷施药剂2～3次,间隔10天左右。

(4)4月中旬至5月上中旬,用20%杀灭菊酯乳油2 000倍液或10%氯氰菊酯乳油1 500倍液或2.5%溴氰菊酯乳油2 000～3 000倍液来抑制1、2代幼虫危害。6月后喷药,一定要掌握在蛀虫未蛀入果实之前,效果才明显。

25 桃蚜的防治方法有哪些?

桃蚜(图3)防治方法:在桃树展叶前喷1次吡虫啉或定虫脒等杀虫剂2 000～3 000倍液,也可用3%除虫菊素800～1 200倍液喷雾,一般喷药2～3次即可完全控制桃蚜。另外可以利用蚜虫天敌,如瓢虫、草青蛉和芽茧蜂等进行生物防治。

图3 桃蚜

桃缩叶病如何防治？

桃缩叶病(图4)防治方法如下：

(1)春季桃芽开始膨大时,是防治桃缩叶病的关键时期,喷洒1次3～5波美度的石硫合剂或70%甲基托布津可湿性粉剂1 000倍液或50%多菌灵胶悬剂1 000倍液,消灭病菌减少发病率。

(2)定期检查果园,及时摘除病叶、剪除被害枝条,并集中销毁,减少侵染源。

(3)结果期的桃园,要做好土壤、肥料、水分管理,精心整形修剪,改善通风透光条件。

(4)在桃树落叶后喷洒3%硫酸铜,以杀死越冬、越夏的孢子。

图4　桃缩叶病

怎样才能让李树多结果？

(1)人工授粉。对李子树人工授粉需要采集花粉,授粉的时间在盛花初期2～3天内完成,一般当天开花当天授粉效果最好。花朵适宜授粉的标志是雄蕊花药还有部分未裂开,雌蕊花柱新鲜,柱头黏液分泌。在李子树盛花期,用鸡毛掸子或毛巾棒,在主栽品种和授粉品种花朵之间轻轻滚动;或把采集制作的花粉与滑石粉按1:1混合后,装入布袋中,于盛花期在主栽品种树上抖动授粉;还可把花枝插入水瓶中,挂在主栽品种树上。

(2)花期放蜂。花前1周利用壁蜂和蜜蜂授粉。壁蜂每667平方米需要80～100头,一箱蜜蜂可保证5 000平方米左右的李子园授粉,蜂群之间应相距100～150米。

(3)喷施植物生长调节剂和营养元素。植物生长调节剂PBO,配制150倍液左右浓度,在李子花刚露白时喷布;或在李子盛花期喷施 0.3%～0.5% 的硼砂＋砂糖或红糖 100 倍液,可提高坐果率。

(4)花期环割。在李树初花期对主干进行环割,一般环割 3 圈,各圈相距 1.5 厘米,深达木质部,可明显提高李子坐果率。

28 李树冬剪、夏剪需要注意什么?

(1)冬剪注意事项。一是因品种和单株间生长情况的差异,应采取因树修剪、随枝造型的原则。二是对大枝(骨干枝等)进行剪截时,宜在早春萌芽时进行,并且剪口上要留 2～3 厘米长的残桩,以利伤口的愈合和剪口下第一芽的萌发和成枝;锯口要用利刀削平,最好涂以愈伤剂,以保护伤口。三是李子幼树在整形时期,延长枝短截应以夏剪为主,可在 6—8 月,通过对当年生枝进行抹梢、摘心、拉枝、疏枝等方法,使其尽快成型,早日结果。四是对成枝力低、萌芽力强的品种,幼树 1～2 年内应采取适当短截的办法,促生分枝,增加枝量,使其迅速成形。五是定枝第三年后要避免重剪,主要采用对长枝和结果枝组进行缓放的办法,尽量多形成短果枝,使其多结果。中期和后期再回缩更新,恢复生长和结果能力。

(2)夏剪注意事项。一是在整形过程中,竞争枝宜在当年生长季采用摘心、抹梢或拉枝的办法及早处理,以利提早形成结果枝组或短果枝结果。二是夏剪对李子幼树快速成形非常重要,不要错过时机。在 6 月上中旬,当李子树新梢长到60～70 厘米时,即可在 50 厘米左右对其摘心,促发二次枝,以增加枝量,扩大树冠。到 7 月上中旬,应选择方位、角度和长势适宜的枝条作为永久性主枝,拉成 70°角,其余主枝拉成 80°角作辅养枝。主枝上的直立旺枝有空间时通过反复摘心加以控制,以培养结果枝组,过多过密时应予疏除。这样在肥水充足的前提下,定植当年,即可形成小树冠。

29 李树一年施几次肥为好?

(1)基肥。李树的基肥秋施比春施好,早秋比晚秋或冬施好。这是因为,早秋施肥,李子树根系正值生长高峰,断根容易愈合生长,肥料腐烂、分解时间充分,矿质化程度高,可及时被果树吸收利用;还可以提高土温,减少根系冻害;部分肥料可以当年被树体吸收,有利于有机营养的制造贮藏,这对满足李子树来年萌芽、开花、坐果和生长发育具有重要意义。基肥多选用迟效性有机肥料、平衡型复合肥料,施肥时有机、无机肥料充分混匀,开沟深施。对于成年李树,基肥每株施农家肥 50 千克左右。

(2)追肥。花前追肥。以满足李树萌芽、开花期需要大量营养,可在李树萌芽前 10 天左右,追施速效性氮肥。

花后追肥。此时正值幼果、新梢同时进入生长高峰,为避免互相争肥,应及时追施速效性氮、磷、钾肥,以减少生理落果,提高坐果率,促进幼果及枝叶同时生长。

果实膨大和花芽分化期追肥。在生理落果后至果实进入膨大期前,追施速效性氮、磷、钾肥,可大大提高光合效能,促进树体养分的积累,既利于果实膨大,又利于花芽分化。

果实生长后期追肥。在果实开始着色至采收期间追肥。此次以磷、钾肥为主,速效氮肥结合喷药作叶面喷肥为好,以免促使秋后生长而影响树体营养积累。追肥每次每株施尿素、钾肥各 250 克,过磷酸钙 1.5～2.5 千克。

30 李小食心虫如何防治?

李小食心虫防治方法如下:

(1)利用李小食心虫成虫(图5)的趋光性和趋化性,用杀虫灯和糖醋液诱杀。

(2)每年的 4 月下旬,在李树开花前,在树干周围 60～70 厘米内,培厚 10 厘米的土层并踩实压紧,使羽化的成虫窒息而死。

(3)在李小食心虫羽化前或第 1 代幼虫脱果前在树冠下喷药,可用 50%辛硫磷乳油 300～500 倍液来喷洒毒杀成虫和幼虫(图6)。

(4)在李小食心虫成虫发生期,在李树上喷布 50%杀螟松乳油 1 500 倍液对卵和初孵幼虫有明显效果。

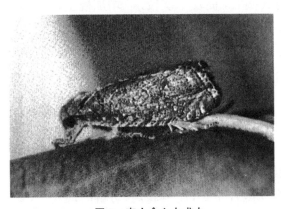

图 5　李小食心虫成虫

图 6　李小食心虫幼虫

31 李树舟形毛虫如何防治?

李树舟形毛虫防治方法如下:

(1)结合秋翻或刨树盘消灭越冬虫蛹。

(2)利用舟形毛虫幼虫(图7)群居和受惊吐丝下垂的习性,进行人工捕杀或及时剪除有虫枝、叶。

(3)在舟形毛虫成虫(图8)产卵期放赤眼蜂防治。

(4)在老熟幼虫入土期地面撒白僵菌,撒后翻耙一下,一般不需要用药剂防治。若发生严重虫情,可用50%敌敌畏1 000倍液喷洒。

图7 舟形毛虫幼虫

图8 舟蛾(成虫)

 砂梨优质丰产技术有哪些?

(1)选用优质种苗,要求品种纯正,根系发达,嫁接口愈合良好,苗高≥60厘米,干粗≥0.6厘米,壮芽4个以上,无检疫性病虫害。以11月下旬至翌年2月栽植为宜,一般在秋冬栽最好。

(2)计划密植,合理配置授粉树。合理规划布局,做到适地适栽、山地梨园应采用等高梯田栽植,栽种前全园深翻,大穴加施有机肥,定植穴长、宽、深各为80厘米,每穴施腐熟土杂肥40千克、钙镁磷肥0.5千克。为提高前期产量,宜计划密植,株行距先可用 2 米×4 米、2 米×2 米、1 米×4 米等,以后根据封行情况疏移,使株行距逐渐变成 4 米×4 米或 3 米×4 米。为确保授粉,提高坐果率和品质,种植时应合理配置授粉树。翠冠的授粉品种有百清香、新世纪、黄花等,西子绿的授粉品种有幸水、丰水等。主栽品种和授粉树的配植比例为 4∶1,山地或高海拔地区花期多雾,湿度较大,花粉传播距离较近,配植比例可调整为 2∶1。

(3)合理整形与修剪。整形应改传统的疏散分层形为自然开心形。自然开心形具有成形快、光照好、投产早、管理方便,有利于速生早产,优质丰产和低耗高效的优点。修剪采用长放拉枝结合短截。轻剪长放结合拉枝可促使树冠形成,提高早期产量。栽培水平较高的地区可试点推广棚架栽培。

(4)科学施肥。施肥应坚持"增施有机肥、重视磷钾肥、补施叶面肥"的原则。秋冬季施足以有机肥为主的基肥,果实膨大期追施速效肥,并结合喷药叶面追施 0.2%磷酸二氢钾。

(5)强化疏果套袋,提高果品质量。第一次可在大小果分明时疏小留大,第二次复疏定果,每花序最多留 1～2 果,原则上花序之间留果距以 15～18 厘米为宜,每 667 平方米产量控制在 2 500 千克,疏果应在 5 月上旬结束,套袋一般在定果后进行,套袋前必须喷布杀菌剂。

(6)优化病虫害的综合防治。应注意梨锈病、黑星病、黑斑病、轮纹病、干枯病、梨瘿蚊和梨网蝽等病虫害防治,坚持"全面、重点"的防治策略。冬季结合修剪彻底清园,萌芽前喷 3～5 波美度的石硫合剂,铲除越冬病虫源;落花后用 15%粉锈宁等可湿性粉剂 2 000 倍液,防治梨锈病 2 次(第 1 次是关键,可在初浸染期防治,第 2 次可在第 1 次防治后的 7 天进行),生长季可用杜邦福星、大生等防治梨黑星病、黑斑病、轮纹病;用一遍净、木虱净等防治梨瘿蚊、梨网蝽等,用药时几种药剂须交替使用,另外套袋前应特别注意严控使用乳剂型农药,以减少果面锈斑的发生。

(7)适时采果,搞好采后的商品化处理。适时采收,采后进行分级、包装等一系列的处理,提高果实的商品质量和耐贮运能力,以提高市场竞争力。

盛果期梨树如何修剪?

此时期修剪的主要任务是维持中庸健壮的树势和良好的树体结构,改善光照,调节生长与结果的矛盾,更新复壮结果枝组,防止大小年结果,尽量延长盛果年限。如树势偏旺时,采用缓势修剪手法,多疏少截,去直立留平斜,弱枝带头,多留花果,以果压势。如树势偏弱时,采用助势修剪手法,抬高枝条角度,壮枝壮芽带头,疏除过密细弱枝,加强回缩与短截,少留花果,复壮树势。对中庸树的修剪要稳定,不要忽轻忽重,各种修剪手法并用,及时更新复壮结果枝组,维持树势的中庸健壮。梨树结果枝组中的枝条可以分为结果枝、预备枝和营养枝三类,各占 1/3,修剪时区别对待,平衡修剪,维持结果枝组的连续结果能力。对新培养的结果枝组,要抑前促后,使枝组紧凑;衰老枝组及时更新复壮,采用去弱留强、去斜留直、去密留稀、少留花果的方法,恢复生长势。对多年长放枝结果后及时回缩,以壮枝壮芽带头,缩短枝轴。去除细弱、密挤枝,压缩重叠枝,打开空间及光路。疏花疏果是提高果实品质,减轻大小年的重要措施。一般弱梨树或采用促花措施以后,常常形成过量的花芽,应采取疏花疏果措施。否则,会加重大小年现象的出现,树势衰弱,易感染干腐病。梨树花序的开花顺序是边花先开,疏花时应保留边花去中花。

34 梨树主要有哪些病虫害？如何防治？

梨树在管理中,主要害虫有花蕾蛆、梨茎蜂、梨网蝽、梨木虱、蚜虫、梨瘿蚊等,病害有锈病、黑星病、黑斑病、褐斑病、日灼病等。

(1)预防措施。彻底清园,减少越冬病虫源。结合修剪,将留在树上的无用枝条清除(特别是病枝、枯枝);刮掉老皮,杀灭越冬害虫;清除园内杂草,与修剪下的枯枝、落叶集中销毁,并将草木灰返园;结合施基肥深翻土壤,杀灭越冬害虫;每隔2年全园撒施生石灰,每667平方米用量100千克,能降低园内病虫基数。

搞好果园排灌设施。平地果园易积水,引发根部各种病害,必须开深沟排水。

改善通风透光条件。根据品种特性和土壤状况,在修剪时有选择性地留枝。在生长季节多摘心,及时抹除多余的枝梢,使树冠通风透光,以减少病虫害,尤其对梨木虱高发园区效果明显。

合理施肥及确定留果量。每年9—10月重施有机肥,株产50千克的梨树施有机肥100千克、过磷酸钙2千克和饼肥5千克。追肥在芽前、花前进行,重施孕花壮果肥。5月下旬至6月上旬株施复合肥1千克。追肥尽量少施含氯的化肥,多施磷、钾肥,重施以氮肥为主的采后肥,以增强树势。同时,合理负载,以免造成株产偏高使树势衰弱。盛果期梨园以每667平方米产1 500千克、株产40千克为好。

(2)药剂防治。休眠期喷布化学药剂。冬季梨树进入休眠期,彻底清园后,全园喷3～5波美度的石硫合剂等高效杀虫杀菌剂1次,3月初萌芽前再喷1次,可有效杀灭病菌害虫,降低病虫基数。

生长期喷布保护剂。对生长期的病虫害,除了有针对性地防治外,还要求定时、定量用药。部分露花蕾至套袋前,每隔7～10天喷1次药,套袋至采果前每隔12～15天喷1次药,采果后至落叶每隔20～30天喷1次药,重点突出部分露花蕾、开花前、花后、套袋前、采果后用药,梨锈病可在3月中旬至4月中旬用2%粉锈宁1 000倍液防治。要求各种杀虫剂、杀菌剂轮换使用,以防止病菌害虫产生抗药性。

套袋。套袋时间在5月中旬至6月上旬,套前必须喷1次以水剂和粉剂为主的农药,忌喷乳剂等容易诱发锈斑的农药,干后即套。套袋时应撑开袋体,幼果在袋中央部,避免袋纸与果面接触,袋口扎紧,勿使漏光,并使袋与果位于叶的下面。

 梨锈病如何防治?

梨锈病(图9)防治方法如下:

(1)铲除梨园附近5千米以上的桧柏树,减少宿主病源。

(2)如果园附近桧柏树不能砍除时,可在春雨前对桧柏喷施1～2次3波美度的石硫合剂或1∶1∶(100～160)的波尔多液,以防止冬孢子角的萌发。

(3)在梨树花前后各喷施1次药剂进行防治,可用1∶1∶160的波尔多液或喷代森锌500倍液,间隔15天再喷1次。

(4)在幼果时对梨幼果进行套袋,防止果实受到锈病危害,在套袋前可喷施新高脂膜,预防果锈病发生。

图9 梨锈病

 梨黄粉蚜如何防治?

梨黄粉蚜(图10)防治方法如下:

(1)在冬、春季刮树皮和翘皮消灭越冬虫卵,也可在梨树萌动前,喷99%机油乳剂100倍液杀灭越冬虫卵。

(2)危害期喷施药剂进行防治,药剂可用10%烟碱乳油800～1 000倍液。

（3）在梨果套袋时要使用防虫药袋,并于套袋前喷 1 次杀虫剂。

图 10　梨黄粉蚜

 梨大食心虫如何防治?

梨大食心虫防治方法如下:

（1）结合梨树修剪,剪除虫芽,或早春摘除被害芽,集中销毁。

（2）在越冬幼虫出蛰害芽期、幼虫转芽期、成虫发生期（图 11）喷药防治。可喷杀虫剂进行防治。

（3）在梨大食心虫转果期及第 1 代幼虫危害期及时采摘虫果（图 12）,老熟幼虫化蛹期摘虫果集中销毁或深埋。

图 11　梨大食心虫成虫

图 12　梨大食心虫幼虫蛀果

梨小食心虫如何防治?

梨小食心虫(图 13)防治方法如下:

(1)在梨树建园时,避免与苹果、桃近距离种植,减少梨小食心虫转移危害。

(2)在梨树清园时刮除树上粗裂翘皮,消灭越冬幼虫。

(3)梨园内用糖醋液(糖 5 份、醋 20 份、酒 5 份、水 50 份)诱杀成虫。

(4)在梨小食心虫成虫发生期用梨小性诱剂诱杀成虫,每 50 株梨树挂 1 个诱捕器,7 月以前将其挂在桃园。

(5)在梨小食心虫卵发生期,释放松毛虫赤眼蜂,放蜂量为 500 ~ 1 000 头 / 株,每隔 4 ~ 5 天放 1 次,连续放 3 ~ 4 次。

(6)在 2、3 代梨小食心虫成虫羽化盛期和产卵盛期喷药防治。

图 13 梨小食心虫

 葡萄如何整形修剪?

葡萄的整形修剪按操作时间分为冬季修剪和夏季修剪。

(1)冬季修剪即休眠期修剪,是指秋末冬初落叶后到发芽前这段时间所进行的修剪。在冬季覆土越冬区,冬季修剪期很短,通常一落叶很快就会封地(也就是"土壤上冻"),因此必须抓紧时间及早进行。在不覆土越冬区,可修剪时间较长,可在落叶后 3 ~ 4 周树体进入休眠期后进行,但不可过晚。如果到春季再修剪,就会引起伤流，影响树势。冬季修剪以整形为主，主要的技术措施包括剪除病虫枝、过弱枝、过密枝，更新衰老枝等。

冬季葡萄整形修剪主要技术措施包括以下几方面内容。

新梢短截（或称为剪留母枝）。对于成熟枝条，通常把剪留 2～4 芽的称为短梢修剪；留 5～7 芽的称为中梢修剪；留 8～11 芽的称为长梢修剪；留 1 个芽或仅留隐芽的称为极短梢修剪，适宜作为预备枝用；剪留 12 个芽以上的称为极长梢修剪，一般适宜培养较大树形的主蔓延长枝采用。母枝留量过少，来年果枝量不足，产量过低。母枝留量过多，则花穗过多，枝条密集，易引起光照不良，果穗发育不良，果粒小，落花落果重，着色不良，品质差，成熟期延迟，形成越冬困难，也影响下年产量。

结果枝组更新。要保持结果枝组的紧凑，经常进行结果枝组的更新，更新方法一般用单枝更新和双枝更新。

枝蔓更新。为防止结果部位上移，要选留中下部的健壮枝条代替架面上部枝条，在多年生部位短截。

（2）夏季修剪。指萌芽后至落叶前的整个生长期内所进行的修剪。夏季修剪的任务是调节树体养分分配，控制新梢徒长，改善光照条件，提高果实的质量和产量；培养充实健壮、花芽分化良好的枝蔓，为下年生产打好基础。

葡萄夏季修剪的主要技术措施包括以下几方面内容。

抹芽定梢。春季发芽后，老蔓上萌发的潜伏芽，除去要补充空间或计划更新用的留下外，都要抹除。结果母枝上所萌发的新梢，通常要保留由主芽萌发的带有花序的健壮新梢，而将副芽萌生的新梢除去。在幼树生长势较旺时，也可留一些带花序的副梢芽枝，而成年树则不保留。架面上新梢过多过密时，首先要疏除细弱枝、无果穗的发育枝，要求在定梢完成后，架面枝叶丰满，分布均匀，通风透光良好。通常也要在植株基部保留一定比例无果穗的发育枝，以保证增加植株的光合面积，达到适当的叶果比，保证果穗的正常发育，也保证来年有健壮的结果母枝。

新梢摘心。将正在生长的新梢梢尖，连同数片幼叶一起摘除，称为摘心。结果枝摘心可以暂时抑制顶端生长，促使营养较多地进入花序，促进花序发育，提高坐果率，减轻落花落果。摘心时间因品种、生长势和栽培条件等因素不同而变化。对于一般坐果率较高的品种，花前摘心的意义不大，可在花后幼果期进行。

花穗管理。疏花穗，根据结果枝的位置和生长势的强弱来决定留花序数。一般在枝蔓上部生长势较强的结果枝可留 2 个花穗，在中部和下部长势中等的结果枝可留 1 个花穗，对于下部生长势较弱的，计划留作预备枝的，不留花穗。为使葡萄果穗整齐，要进行花穗整形。通常在开花前 1 周内，剪去副梢、岐肩和较大的小穗。同时，要掐穗尖，一般掐去花穗的 1/5～1/4。

绑蔓。由于葡萄长势旺,在夏季管理中,绑蔓是经常性的工作。春季葡萄一出土,就开始绑蔓,保持架面上枝蔓的均匀分布。在新梢长到一定长度时,要根据生长势调整绑缚角度,使长势平衡。绑蔓时要剪去卷须,以减少养分消耗。

40 葡萄套袋选在什么时间?

对葡萄套袋一般在坐果后、果穗豆粒大小时进行。在套袋前对果穗喷施 1 次百菌清 500 倍液或多菌灵 600 倍液均可。葡萄果穗去袋时间在采收前 10 天左右。去袋时,为使果穗上色均匀,须将果穗翻转一下。用于葡萄果穗套袋用的纸袋一般是白色、半透明、浸过杀菌剂的葡萄专用袋,常见的规格为(25 ~ 30)厘米×(17 ~ 20)厘米。

41 葡萄对土壤有什么要求?

葡萄的适应性较强,在多种类型土壤均能生长结果,但以肥沃的沙壤土最为适合。一般葡萄在土层厚度 0.8 米以上、地下水位低于 1.2 米、土壤矿物质及有机质含量丰富、通气排水良好、土壤 pH 值为 6.0 ~ 6.5 的微酸性的环境中生长结果最好。南方丘陵山区多为微酸性沙壤土,利于葡萄生长,一般可采用梯田棚架种植,以避雨排水,保证葡萄品质。

42 葡萄种植如何实现高效施肥?

(1)葡萄施肥方法。葡萄施肥方法一般有基肥、根部追肥和叶面追肥三种。葡萄基肥施用量应占施肥总量的 50% ~ 80%,要根据葡萄园土壤自身肥力和施肥种类而定。根部追肥作为施肥的补充,具有简单而灵活的特点,是最为常用的方法。对于葡萄需要量少、成本又高的微量元素,可通过叶面喷施的方法,效果更好。

(2)葡萄基肥施用时间。葡萄的基肥一般在秋季葡萄采收后进行,在此时施用基肥有利于树势的恢复。促使新梢充分成熟和花芽分化,并贮藏营养物质于根、茎中,为葡萄越冬和第二年生长结果打下良好的物质基础。

(3)葡萄基肥施肥量。葡萄秋季基肥施肥以有机肥为主,配合适量化肥。一般每 667 平方米成龄葡萄园施有机肥 3 000 ~ 5 000 千克、过磷酸钙 100 ~ 150 千克、硫酸钾 50 千克、硼砂 3 千克。

(4)葡萄基肥施肥方法。葡萄施用基肥多采用开沟施肥的方法,沟的深度与宽度随葡萄树龄增加而加大。葡萄在幼树时可在定植沟的两侧挖沟,也可在株间挖沟。成龄葡萄树一般采用隔年隔行开沟的方法。篱架葡萄园沟深 40 ~ 50 厘米,棚架葡萄园沟深在 60 厘米左右,沟宽在 40 ~ 50 厘米。将基肥与土壤充分混合填入沟内,覆土并立即灌水。

(5)葡萄追肥时间。葡萄追肥时间和用量可以根据土壤、葡萄生长期和产量情况来定。第一次追肥在葡萄萌芽前。第二次追肥在葡萄开花前喷施。第三次追肥在葡萄幼果膨大期。第四次追肥在葡萄浆果开始成熟期。

(6)葡萄追肥方法。葡萄根部追肥:此方法一般要离葡萄植株30～50厘米以外开15～30厘米的浅沟或穴,施入肥料后立即覆土灌水。葡萄追肥常用的肥料有尿素、磷酸二铵、腐熟人粪尿、沼液、草木灰和硫酸钾等复合肥。追肥时氮肥应浅施,磷、钾肥应深施。

葡萄根外追肥:适宜葡萄根外追的化肥品种有尿素、磷酸二氢钾、水溶性好的复合肥及微量元素(硼砂、硫酸钾、硫酸锌、硫酸亚铁等)。农家肥中的草木灰、沼液的稀释液也可用于根外追肥。葡萄根外追肥浓度:尿素0.1%～0.3%,磷酸二氢钾0.3%,草木灰1%～3%,硼砂或硼酸0.2%～0.3%,硫酸锌0.3%～0.5%,硫酸钾0.05%,硫酸镁0.05%,硫酸亚铁0.1%～0.3%,硫酸锰0.05%。

43 葡萄什么时候需要追肥?

(1)葡萄萌芽前追肥。此时追肥又叫芽前肥,因为葡萄萌芽、开花需要消耗大量的营养物质。同时在早春葡萄植株的吸收能力较差,主要消耗树体养分,若树体的养分过少会导致大量落花落果,影响树体生长,所以要特别注意开花前施肥。施肥以氮肥为主,配施磷、钾肥。

(2)葡萄开花前追肥。此次追肥以氮肥为主,配合磷、钾、硼肥,但对于巨峰系列葡萄,应依据树势,控制氮素用量,以防大量落花。对于树势强、基肥数量和芽前肥较充足的,花前肥可不施,宜推迟到花后施。

(3)葡萄落花后追肥。此次追肥可以促进新梢正常生长,促进幼果迅速发育,减少生理落果,提高坐果率,故又称壮果肥。此次施肥以氮肥为主,适当配合磷、钾、镁、硼等肥料。

(4)葡萄浆果成熟期追肥。此时葡萄浆果进入成熟初期,即有色品种开始着色,绿色品种开始变软。此次追肥以追施磷、钾肥为主,配合少量的氮肥和镁肥,对于葡萄浆果最后增大、提高着色度和含糖量有明显效果。

44 葡萄黑痘病如何防治?

葡萄黑痘病(图14)防治方法如下:

(1)在新建果园时,进行苗木消毒。可以用10%～30%黑矾＋1%硫酸浸条或3～5波美度的石硫合剂浸泡35分钟后再栽植。如果是采用嫩枝接穗可用50%多菌灵可湿性粉剂800～1 000倍液或10%氟硅唑水乳剂2 000倍液浸泡2～3分钟。

(2)在秋季落叶后,结合冬剪彻底清除病蔓、落叶、病果和老翘皮,集中深埋或销毁;在葡萄萌芽前进行涂白(石硫合剂残渣或原液 1 份加生石灰 3 份,加水拌匀成糊状即可)。

(3)加强葡萄园的管理,增强葡萄树势,进行合理灌溉,并注意排水;控制好氮肥的施用量,多施磷、钾肥;及时对葡萄树进行摘心除副梢,防止枝叶徒长,调整好枝蔓密度,提高通风透光度。

(4)在葡萄萌动期,用 3 ～ 5 波美度的石硫合剂涂刷结果母枝,并对地面、果架全面喷淋,以消灭越冬病源。

(5)在葡萄展叶后至开花前 1 周,喷施 80%代森锰锌可湿性粉剂 800 倍液或10%苯醚甲唑水分散粒剂 1 500 倍液。

(6)在葡萄幼果期,喷 1∶0.5∶(160 ～ 200)的波尔多液或 80%代森锰锌可湿性粉剂 600 ～ 800 倍液。

(7)在葡萄果实膨大期以后,喷施 40%氟硅唑 8 000 ～ 10 000 倍液或 10%苯醚甲环唑水分散粒剂 1 000 倍液。

图 14　葡萄黑痘病

 葡萄霜霉病如何防治?

葡萄霜霉病(图 15、图 16)防治方法如下:

(1)在葡萄生长季节和秋季修剪时都要彻底清除葡萄病枝、病叶、病果,集中销毁,减少越冬病菌。

(2)在雨季及时排水,在生长期间及时剪除多余的副梢枝叶,创造果园通风透光条件,降低果园湿度;在中后期对葡萄增施磷肥、钾肥,适当控制氮肥用量,同时提高葡萄结果部位的高度,并清除园中的杂草等杂物。

图15 葡萄叶片感染霜霉病

图16 葡萄果穗感染霜霉病

(3)采用避雨栽培新技术。

(4)在病菌初侵染期用药预防,可用1:(0.5～0.7):200的波尔多液或80%波尔多液可湿性粉剂300～400倍液或77%硫酸铜钙可湿性粉剂500～600倍液或80%代森锰锌可湿性粉剂800倍液等药剂进行防治,以后根据病害发生情况,继续使用上述药剂,提倡保护剂与杀菌剂交替或混合使用。建议施药一般间隔10天左右喷一遍。对保护地(温室、大棚),也可改用15%霜疫清烟剂,每667平方米用量250克熏一夜。

46 葡萄星毛虫如何防治？

葡萄星毛虫(图17)防治方法如下：

(1)冬季彻底清园,将葡萄枝蔓上的翘皮剥除、集中销毁,消灭越冬幼虫。

(2)药剂防治。在幼虫发生期喷布50%敌敌畏乳剂或90%敌百虫或50%杀螟松乳剂1 000倍液防治。

图17　星毛虫啃食葡萄幼叶

47 枇杷树如何修剪？

(1)枇杷树修剪时间。因为枇杷是常绿果树,全年生长结果不休眠。因此,枇杷的修剪一年四季都可进行。

(2)枇杷树修剪方法。抹芽法：在枇杷苗木定植后发芽前保留适宜方位、健壮饱满的芽,抹去多余的芽。此方法可以节约养分,使幼树的树形符合整形要求,培养健壮的骨干枝,提高树势;对成年结果枇杷树抹芽,能使抽发的枝组方位合适,枝条健壮,层间距离适宜,通风透光,提高果实品质。

疏枝法：该方法是将枇杷枝条从基部剪去。通过疏枝可以减少树体枝量,缓和树势,调节单个树体结果量,改善树冠的通风透光,提高树体果实品质和产量,减少病虫害的发生。此方法一般在早春枇杷果实生长发育期,结合疏花疏果进行。

短截法：该方法可以分为轻截、中截及重截。轻截就是只剪去一年生枝顶端的部分枝梢,一般截取整个枝梢的1/3左右。其目的是削弱顶端优势,缓和树势和枝势,促进基部枝条的生长,抽发新的枝组。中截剪去一年生枝条的中上部的饱和芽,一般截取整个枝梢的1/2左右。其目的是促使其抽生旺枝,用于培养结果枝组,提高花量及坐果率。重截剪去一年生枝的中下部或近基部,即截去枝条的3/4或全部。此法多截去徒长枝、纤细枝、枯枝、交叉枝和下垂枝等的全部或部分。重截枝组不宜过多,否则影响幼龄树体树势生长或成年结果树的产量。

回缩法:该方法是剪去多年生枝条或枝组的一部分,用于更新复壮,剪去病虫枝、枯萎枝条,蓄积养分,恢复树势。此法一般用于成年树体和老龄衰弱树体。

撑、拉、吊法:撑是指借助小木棍或树枝撑开枝条;拉是指用绳索将枝条拉在树干上;吊是指用重物将枝条吊住以改变枝条方向、加大角度,此法在大面积的成年枇杷园常常使用。这三种方法的目的是削弱顶端优势,促进成年树体结果或幼树整形,调节枝组间、层间枝叶密度,改善冠内光照,增加通风透光,易使结果枝组位置合适。一般在秋季枇杷现蕾后至结果前进行。

扭梢及拿枝法:手执枝条下部将其扭曲称为扭梢;手执枝条下部往顶端弯曲推拿,使其发出轻微的响声但不折断称为拿枝。这两种操作都对木质部有一定的伤害,阻碍上下养分的运输。其目的是破坏顶端优势,增加枝条上部营养积累,促进结果,在幼树生长旺盛时可采用。这两种方法一般在夏末秋初进行。

48 枇杷结果后的注意事项?

(1)防冻。除了选择抗寒品种,增强树势外,在冬季还应注意对枇杷培土、护干。主干涂白,灌溉防干冻,摇雪防压折大枝,熏烟防霜冻,束枝束叶防幼果冻害等。

(2)防日灼。防止枇杷果实日灼的方法是可以在果实转色期前疏果后套袋,或遇高温天气于中午前对树冠喷水。培养合理的树冠,使枝干不暴露在直射的阳光下;在采收期夏季修剪后对易受阳光直射的枝干涂白,或缚草于树干上以遮光;刮除净枇杷枝干坏死部分并消毒,在伤口涂保护剂或涂 5 波美度的石硫合剂。

(3)防裂果。

49 枇杷如何施肥?

(1)枇杷幼树施肥。由于枇杷幼树根系细弱,对肥料的吸收能力差,施肥应薄施勤施,以氮、磷为主,第一年定植后第一次新梢老熟、第二次抽生新梢时开始施肥,株施尿素 5 ～ 10 克、过磷酸钙约 10 克、稀粪水 3 ～ 5 千克,促进新梢萌发和老熟。

(2)枇杷结果树施肥。枇杷结果树一年可分 3 次施肥。

第一次施壮果肥(春梢肥),在 1 月至 2 月上旬施入,占全年施肥量的 30% 左右,以速效肥为主,施复合肥 0.5 ～ 1.0 千克、钾肥 0.5 千克。

第二次施采果肥(夏梢肥),在采果后施用,占全年施肥量的 50% 左右,以速效氮肥为主,结合施用有机肥(绿肥、饼肥、堆肥等)和磷肥,可施沤熟的有机肥 10 ～ 15 千克、钙镁磷肥 1 ～ 2 千克、复合肥 0.75 ～ 1.00 千克、尿素 0.5 ～ 1.0 千克、石灰 1.0 ～ 1.5 千克。

第三次施促花肥,一般在枇杷开花前施入,占全年施肥量的20%左右,以迟效的人畜粪水加磷钾肥为主,株施复合肥0.5～1.0千克、有机肥15～20千克,开环状沟施下。

  枇杷舟形毛虫如何防治?

枇杷舟形毛虫(图18)防治方法如下:

(1)在冬季结合深翻枇杷园土,消灭树干四周土壤中的越冬蛹。

(2)因为舟形毛虫的幼虫具有假死性,可以在1～2龄幼虫时振动树枝,使其落地后捕杀。

(3)当舟形毛虫幼虫大量发生(图19)或已散开取食时,可选用50%敌敌畏乳剂800倍液或20%杀灭菊酯5 000倍液或2.5%溴氰菊酯2 000～3 000倍液等药剂喷施,每隔5天喷1次,连续喷2～3次。

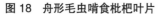

图18　舟形毛虫啃食枇杷叶片　　　　图19　舟形毛虫群体危害

  枇杷枝干腐烂病如何防治?

枇杷枝干腐烂病防治方法如下:

(1)改善果园土壤条件,深翻改土,促进根系发育,增施有机肥和磷、钾肥,避免偏施氮肥。合理修剪和疏花疏果,控制结果。搞好果园排灌设施,防止土壤干旱和雨后积水。

(2)及时防治蛀干害虫,秋季在树干刷涂白剂。在入冬前及时清除枯枝、病枝,集中销毁,以减少越冬菌源。

(3)在果树发病部位(图20、图21)要及时刮除腐烂病疤,并将刮下来的病组织集中销毁。刮后涂药防治可选用病必清、2%农抗120、77%冠菌铜10～20倍液、5%菌毒清水剂30～50倍液涂病斑伤口,半月后再涂1次。然后用塑料薄膜包扎病斑伤口,以利于树体愈伤。

图 20 枇杷枝干感染腐烂病

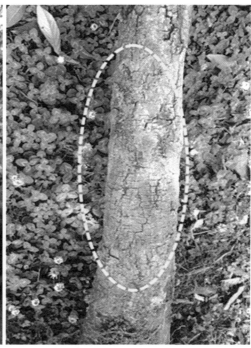
图 21 枇杷树干感染腐烂病

 枇杷裂果如何防治?

枇杷裂果(图 22)的防治方法如下:

(1)选种不易裂果的枇杷品种。

(2)在干旱季节做好果园抗旱工作,干旱时适时灌溉,保持土壤水分相对稳定,防止因土壤过干过湿而导致裂果。

(3)在幼果、果实迅速膨大期及时追肥,一般可喷施 0.2%尿素+0.2%磷酸二氢钾,可提高果实的膨大活力,防落果、裂果发生。

图 22 枇杷裂果

(4)对枇杷进行疏果后套袋。

 柿大小年结果问题如何解决?

(1)每年柿果采收后,结合柿园深翻,施足基肥。第二年在柿子树萌芽前、枝叶停止生长后、开花前、果实膨大期和采收前结合施肥灌水,松土除草,保持土壤湿润,改善土壤理化性质和树体营养条件,增强树势,提高坐果率。

(2)在柿子树生长期内,疏去过密枝和无效枝,改善通风透光条件。对花量大的要疏去部分花蕾或幼果,保证1:(20～25)的叶果比,平衡营养生长与生殖生长的关系。

(3)柿子树花期时在主干或主枝上进行环割或环剥,环剥宽度依树干和枝条粗度而定,一般为被剥枝干直径的1/10～1/8,多以0.2～0.5厘米为宜,环剥深度不宜太深,以不伤木质部为宜,否则影响愈合。环割一般在主干或主枝上割2～3刀,树势强的可适当多割些,以不影响树体正常生长为准。

(4)在柿子树盛花期和幼果期,各喷1次0.005%的赤霉素加800倍稀土溶液,或在花期前后喷洒0.2%磷酸二氢钾、0.3%尿素和0.3%硼酸混合溶液,自上向下喷,使柿蒂和幼果充分接触药液,提高坐果率。

(5)6月上旬至7月下旬,加强对柿蒂虫和柿绵蚧等病虫害的防治,避免病虫危害而引起的落花落果。

54 柿树生理特点和需肥特点包括哪些？如何科学施肥？

(1)柿子树生理特点。柿子树吸收养分开始时间较迟,从发芽、新梢生长到坐果,所需的养分主要靠上一年贮存在枝、干和根中的养分。因此,上年结实过多、养分消耗多、贮藏养分偏少的柿园,翌年,萌芽不整齐,嫩叶转绿迟,新梢数和坐果数也减少,遂会出现大小年结果现象。一般柿子树7月以后对氮的吸收减少,常导致花芽分化减少,花芽不充实,养分的贮藏量下降。因此,为了提高柿树养分贮藏水平,必须及时疏果,定量挂果,并保护好功能叶片。

柿子树对肥料反应迟钝,吸收量小。据生产园实际观察,部分柿子树在施肥2个月后仍无明显反应,而多数柿园则在施肥4个月后开始吸收养分,同时由于柿子树根细胞渗透压低,对施肥浓度要求较低。因此,柿子树施肥应勤施、薄施,每次施肥浓度应控制在10毫克/千克以下为宜,以免大量集中施肥烧伤根系。

(2)柿子树需肥特点。一般柿子树在3月下旬至4月上旬根系活动,开始少量吸收养分,大量吸收养分开始于5月下旬,到了7—8月吸收量达到高峰,这一阶段所吸收的氮占全年氮吸收量的60%～70%,9—10月后吸收量逐渐减少,11月以后逐步进入休眠期,不再吸收养分。

从养分吸收状况来看,氮和钾的吸收量最大。而在成年的结果柿子树中需钾量因结果量增加而增加,而且钾的吸收高峰较氮的吸收高峰期提前1个月,此时正值果实第二次生长高峰期。因此,在柿子树果实膨大期应增加钾的供应,以提高柿果的产量和品质。

柿的病虫害主要有哪些？如何防治？

危害柿树的主要病虫害有柿角斑病、柿圆斑病、柿黑星病、柿炭疽病、柿蒂虫、柿星尺蠖、血斑小叶蝉和多种蚧壳虫等。

柿主要病虫害防治技术如下：

（1）农业防治技术。加强栽培管理，加强水肥管理，增施基肥，及时灌水，保证树体健壮生长，增强抗性。合理修剪，柿树生长期认真剪除病枝、病果，清除地下落果，集中销毁或深埋，清除初侵染源。入冬前翻耕树盘，消灭越冬幼虫；进入冬至时节，扫除落叶、杂草、病果，剪除病枝、刮除老翘皮，集中销毁，以消灭越冬菌源及虫源。

（2）做好检疫。选择抗病品种和砧木，利用健壮苗木建园种植抗病品种。

（3）物理防治技术。利用害虫的趋光性，在园内安装杀虫灯，以光诱杀趋光性害虫的成虫，对鳞翅目、鞘翅目、双翅目、直翅目害虫的成虫都有良好的诱杀效果。对于有趋化性的害虫，还可以利用糖醋液等方法消灭害虫。

（4）生物防治技术。利用自然界捕食性或寄生性天敌，对害虫进行捕杀。如姬蜂是柿蒂虫的天敌，柿长绵粉蚧的天敌有黑缘红瓢虫、大红瓢虫、二星瓢虫、寄生蜂等，柿绒蚧的天敌有多种瓢虫、草蛉等。

（5）化学防治技术。春季发芽前，喷洒1次5波美度的石硫合剂或45%晶体石硫合剂30倍液；展叶至开花前，树上喷25%扑虱灵可湿性粉剂1 500倍液，防治柿绵蚧；5月下旬至8月中旬，防治柿蒂虫、舞毒蛾、黄刺蛾等，药剂可用30%桃小灵乳油1 500倍液；6月上旬至9月，每隔15天喷1次杀菌剂，如1∶5∶400的波尔多液、50%多菌灵可湿性粉剂800倍液、70%代森锰锌可湿性粉剂600倍液，防治柿炭疽病、柿圆斑病等。

猕猴桃适合在哪里种植？种植条件有哪些？

（1）猕猴桃种植对气候的要求。猕猴桃喜温暖、温润的气候，阳光充足、凉爽、植被好的丘陵和低山区最适合种植。种植猕猴桃需要雨量充沛，年降水量在1 000毫米以上，空气相对湿度不低于70%，年平均气温在12℃以上。在海拔超过1 000米的地方，有效积温低，昼夜温差过大，导致猕猴桃生长期短，从而不易获得高产、稳产，因此海拔超过1 000米的地区不适宜栽培猕猴桃。

（2）猕猴桃种植对水分的要求。猕猴桃是需水较多的果树，一般生长1 000千克的猕猴桃果实，需水量在25～30吨，因此种植园必须有水源保障。

（3）猕猴桃种植对地形的要求。地形对猕猴桃的丰产、稳产和长期高效有很大的影响，建议在海拔50～800米的丘陵和山区缓坡地（坡度不宜超过30°）种植猕猴猴桃。

（4）猕猴桃种植对土壤的要求。土层深厚、肥沃的冲积土、沙壤土均适宜种植猕猴桃。土壤 pH 值在 5.5～6.5 时最适宜猕猴桃生长，pH 值低于 5 或高于 7 均不利于猕猴桃的生长。需要注意的是猕猴桃对中微量元素需求比别的作物要多，因此每年需要适量施用铁、镁、钙、硼等元素肥料。

57 种植猕猴桃为什么要配植授粉树？

猕猴桃是雌雄异株的果树，授粉雄株的选择和配植是保证正常结果条件之一。雄株应选择与主栽品种花期相同或略早，花粉量大，亲和力强，花期长的品种。雌雄株比例一般为 6∶1 或 5∶1，注意混栽均匀。

58 猕猴桃对肥水有何要求？

（1）科学施肥。采用有机肥与无机肥相结合。因为有机肥养分全、肥效长、持续供肥能力强，能提高土壤有机质含量，活化根系，改土效果好。而无机肥有效成分含量高，肥效快，后劲不足。两种肥料混合，以有机肥为主，无机肥为辅，能取长补短，互相增效。

采用大量元素与中微量元素结合。猕猴桃每生产 100 千克鲜果需要氮 2.2～2.8 千克、磷 0.18～0.22 千克、钾 2.0～2.3 千克、钙 3.0～3.5 千克、镁 0.38 千克，需微量元素硼为 40.5 毫克／千克干物质、铁不低于 60 毫克／千克干物质、锌为 15.18 毫克／千克干物质。随着植株树龄的增加，产量的提高，生理病害越来越严重，如缺铁的黄化病，缺钙的苦痘病，缺锰叶片失绿，叶面没光泽等，所以在保证大量元素供给时，应及时补充微肥。

实行基肥与追肥结合。猕猴桃的基肥施用时间要早，用量要足，养分要全，深度适宜（20 厘米左右），以增加树体贮藏营养为目的的。猕猴桃追肥一般以速效肥为主，能促进抽枝长叶、花芽分化和果实膨大。有机肥、磷钾肥、生物菌肥与中微量元素作基肥一起施入；需要注意的是氮肥适宜在春季萌芽前追肥。

土壤施肥与叶面喷肥配合。将肥料施入土壤，由根系直接吸收利用，这是猕猴桃园最基本的施肥方法。而采用树上喷肥，通过叶片吸收，养分利用率高，吸收也快。因此可以在土壤施肥后适时进行叶面喷肥，养分的供给没有断层期，更利于果树的生长发育。

施肥与灌水相辅。有灌溉条件的猕猴桃园，施肥后及时灌水，以便充分发挥肥效。旱地应趁墒施肥或雨后施入。

（2）掌握需水时期。萌芽期。在萌芽前后猕猴桃对土壤的含水量要求较高，土壤水分充足时萌芽整齐，枝叶生长旺盛，花器发育良好。这一时期中国南方一般春雨较多,可不必灌溉。

开花前。猕猴桃的花期应控制灌水,以免降低地温,影响开花,因此应在猕猴桃开花前灌1次水确保土壤水分供应充足,使猕猴桃花正常开放。

开花后。猕猴桃在开花坐果后,由于细胞分裂和扩大旺盛,需要较多水分供应,但此次灌水不宜过多,以免引起新梢徒长。

果实迅速膨大期。猕猴桃坐果后的2个多月,是猕猴桃果实生长最旺盛的时期,果实的体积和鲜重增加最快,占到最终果实重量的80%左右。这一时期是猕猴桃需水的高峰期,充足的水分供应可以满足果实肥大对水分的需求,同时促进花芽分化良好。根据土壤湿度决定灌水次数,在持续晴天的情况下,每3周左右应灌水1次。

果实缓慢生长期。猕猴桃果实缓慢生长期需水相对较少,但由于此时气温仍然较高,需要根据土壤湿度和天气状况适当灌水。

果实成熟期。此时猕猴桃果实生长出现一个小高峰,适量灌水能适当增大果个,同时促进营养积累、转化,但采收前15天左右应停止灌水,以免采摘后不耐贮运。

 怎样给猕猴桃疏花疏果?

(1)猕猴桃疏花方法。猕猴桃定植3年以上的果树,如树形已形成,可正式投产,为确保长年稳产、高产及生产优质、整齐的商品果,正确的疏花、疏果极为重要。对大果品种,每667平方米留15 000～20 000个果,预计每667平方米产量1 000～1 500千克,在疏蕾或疏花时,每667平方米应留蕾或花20 000～28 000朵,如结果枝长每枝可留7～8朵,枝短则留3～5朵。小果品种每667平方米留30 000～40 000个果,每667平方米产量1 000～1 500千克,每667平方米要留蕾或花40 000～50 000朵,结果枝长的每枝可留8～10朵,短枝则留4～6朵。

猕猴桃疏花越早越好,疏蕾比疏花好,疏花又比疏果好。在对猕猴桃疏蕾或花时,先疏枝基部的,后疏枝先端的,保留枝中部的。

(2)猕猴桃疏果方法。猕猴桃疏果应考虑植株合理的叶果比,一般可按叶果比留果,最好的比例是4～7片叶留1个果。果树树势强、果形较小的品种,可按4～5片叶留1个果,树势差时应该以6～7片叶留1个果,否则很难达到疏果目的。

大果品种的猕猴桃树,平均10片叶以上的结果枝,枝长60厘米以上的可挂果6～7个,枝长20～30厘米的可挂果4～5个,枝条叶有4～6片叶的15～25厘米长的结果枝,一般只能挂1～2个。

小果品种10片叶以上的结果枝,枝长60厘米以上的可挂果8～10个,枝长20～30厘米的可挂果5～6个,只有4～6片叶的15～25厘米长的可挂果2～3个。

猕猴桃在疏果时,应除去伤果、畸形果、小果、病虫果等残次果。疏果的顺序与疏花相同。树势强、土壤肥力高的猕猴桃园,挂果量可适当增加。

 60 猕猴桃根腐病如何防治?

猕猴桃根腐病(图23)防治方法如下:

(1)果园实行高垄栽培,合理排水、灌水,保证果园无积水。及时中耕除草,破除土壤板结,增加土壤通气性,促进根系生长。

(2)对果园增施有机肥,提高土壤腐殖质含量,促进根系生长。

(3)控制好果树挂果量,增强果树树势,提高抗病能力。

(4)对已感病的成龄果园,可用0.8%的菌立灭300倍液或40%多菌灵400倍液灌根,每树灌2～3千克药液,每隔15天灌1次,连灌2～3次,均能显著抑制病害。

图23 猕猴桃根腐病

 61 猕猴桃软腐病如何防治?

猕猴桃软腐病(图24)防治方法如下:

(1)选用土层深厚、肥沃、排水良好、通风采光条件好的地方建果园,并增施有机肥改良土壤,增强树势,提高抗病能力,在冬剪时将枝叶、果梗、杂草等集中销毁以减少病源。

(2)在6—7月时,对果实进行套袋,注意套袋前要对果实、树体喷施杀菌剂。

(3)选择在晴天摘果,轻摘轻放,尽量防止发生机械创伤,选无病虫果及无伤果进行贮藏。

(4)对采收的果实进行药剂处理再进行装箱,可用 2,4-D 钠盐 200 毫克 / 千克加硫酸链霉素 800 倍稀释液,浸果 1 分钟后取出晾干,单果或小袋包装后再入箱。

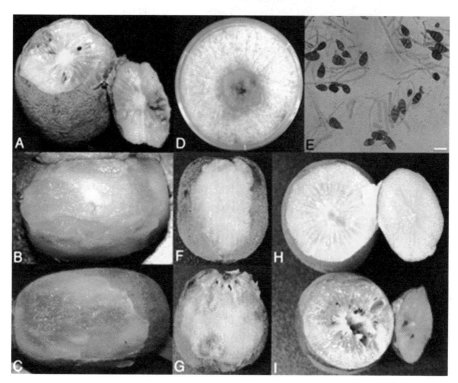

图 24 猕猴桃软腐病

 猕猴桃金龟甲类害虫如何防治?

猕猴桃金龟甲类害虫的防治方法如下:

(1)清除果园内及周围的杂草,杜绝蛴螬的滋生地,施用的农家厕肥等必须经过充分腐熟后方可施用,否则易招引金龟甲在其中产卵。

(2)在成虫发生期夜间用黑光灯、频振式杀虫灯、高压汞灯诱杀,灯下放置滴入少量机油的水,扑灯的金龟甲掉入水中后,粘上油便不能飞;或在成虫集中危害期,用糖醋液诱杀,糖醋比例为(3 ～ 5):1。瓶中滴入少量敌百虫等杀虫药剂。

(3)在 7 月下旬金龟甲幼虫孵化盛期用 50% 辛硫磷乳油,每 0.1 公顷 300 毫升加水 3 000 千克泼浇或结合灌水施入土中杀灭幼虫。

(4)对危害芽和嫩叶的金龟甲(图 25),可以于发生初期喷 2.5% 溴氰菊酯乳油2 000 倍液或 2.5% 绿色功夫乳油 2 000 ～ 3 000 倍液。

图 25　金龟甲啃食猕猴桃幼叶

草莓什么时间种植好?

草莓种植适宜气温为 15 ~ 20℃,地温为 15 ~ 17℃。温度过高会影响成活率,但温度过低,地温降至 15℃以下,影响新根的发生和生长,也会降低成活率。露地种植草莓可以分为春季和秋季两个时期种植。

草莓春季种植一般在 3 月下旬至 4 月上旬。需要注意的是春季种植离开花结果的时间短,秧苗生长发育不充分,常常开花坐果少,产量低。因此,在生产上多在秋季种植。草莓秋季种植可以根据当地地区气候条件而定,长江流域及其以南地区可在 10 月上、中旬。

草莓如何疏花疏果?

草莓疏花一般在开花前,花蕾分离期,最迟不能晚于第一朵花开放,同时最后形成的花蕾也要适量摘除,这样可以使植株养分集中,使留下的花朵坐果整齐,大小一致,果实品质得到提高,并且成熟期集中批量上市。

草莓疏果主要是在幼果青色时期进行,及时摘去畸形果、病虫果。疏果是疏花蕾的补充,这样能使果形整齐,提高商品率。

草莓施肥要注意什么?

(1)草莓对氮、磷、钾的需求。草莓生长中对钾和氮的吸收特别强,在采收旺期对钾的吸收量要超过对氮的吸收量。草莓对磷的吸收,整个生长过程均较弱。磷的作用是促进草莓根系发育,从而提高草莓产量。磷过量,会降低草莓的光泽度。

在提高草莓品质方面,追施钾肥和氮肥比追施磷肥效果好。因此追肥应以氮、钾肥为主,磷肥应作基肥施用。

(2)草莓施肥基肥注意事项。草莓不耐肥,易发生盐类浓度障碍。春香和宝交早生等品种,对速效化肥特别敏感,基肥中多施速效化肥很容易造成萎蔫。另外,在促成栽培中,施基肥过量有可能推迟侧花芽分化,甚至出现侧花芽不能分化而分生出大量分枝的现象。

草莓对氯敏感,因此在给草莓施肥时应选用硫酸钾型复合肥,如不慎施用,可先向草莓植株上喷清水,保持枝叶不萎蔫,并且向田里浇水把水排出,以减少氯对草莓植株的危害。

66 草莓蛴螬如何防治?

蛴螬(图26)一般在春季土表层10厘米土温为5℃时开始活动,活动最适的土温平均为13～18℃,高于23℃即逐渐向深土层转移,至秋季土温下降到其适宜活动温度时再移向上层土壤。

蛴螬防治方法如下:

(1)施用的农家肥应充分腐熟,以免将蛴螬和卵带入园内,并能促进作物健壮生长,增强耐害力,同时蛴螬喜食腐熟的农家肥,可减轻其对草莓的危害。

(2)施用碳酸氢铵、腐殖酸铵、氨水、氨化磷酸钙等化肥,所散发的氨气对蛴螬等地下害虫具有驱避作用。

(3)犁地时,可用辛硫磷颗粒剂拌毒土撒施。

(4)蛴螬孵化盛期和低龄幼虫期为药剂防治的最佳时期,可结合浇水施肥时混入适当杀虫剂,能有效控制蛴螬的危害。

图26 金龟甲与其幼虫(蛴螬)

草莓根腐病如何防治?

草莓根腐病(图27)防治方法如下:

(1)草莓园土应进行合理轮作,如棚室可以对土壤进行高温消毒,每667平方米施用石灰氮120千克,覆膜浇水盖严后持续闷棚25天以上,可有效杀灭土壤病菌和虫卵。

(2)草莓采取高垄覆膜栽培,做到膜下浇水并小水勤浇,有条件的可以采取滴灌方式,以此降低棚内湿度,可以减少根腐病的发生。

(3)草莓定植时,施用充分腐熟的有机肥,增加生物有机肥的用量,并深翻土壤,提高土壤透气性,降低土壤湿度。

(4)草莓根腐病应以预防为主,在育苗时用高锰酸钾每平方米2~4克进行喷淋。在草莓定植缓苗期和开花前分别喷施75%百菌清可湿性粉剂500~800倍液预防。

图27 草莓根腐病

 草莓果腐病如何防治?

草莓果腐病(图28)防治方法如下:

(1)草莓园注意通风,控制好湿度,合理施肥(施足有机肥,不偏施氮肥),进行轮作避免重茬。

(2)从花期开始可喷施50%甲霜铜可湿性粉剂600倍液、58%甲霜灵锰锌可湿性粉剂800倍液、70%甲霜灵·福美双可湿性粉剂500~600倍液、72%霜霉疫净可湿性粉剂等药剂,隔10天左右1次,连续防治3~4次。采收前7天停止用药。

图 28　草莓果腐病

 69 **草莓叶斑病如何防治?**

草莓叶斑病(图 29)防治方法如下:

(1)栽培地避免连作。及时摘除染病老叶并集中销毁。

(2)加强草莓园的管理,如在多雨天及时对田间进行排水、合理灌水,适当控制栽培密度,科学施肥避免氮肥过量,在田间进行操作时避免对草莓植株造成伤口。在叶斑病发病初期用 75％百菌清可湿性粉剂 500 ～ 700 倍液或 70％代森锰锌可湿性粉剂 350 倍液喷布,10 天 1 次,喷 2 ～ 3 次即可。

图 29　草莓叶斑病

草莓炭疽病如何防治?

草莓炭疽病(图30、图31)防治方法如下:

(1)选用抗炭疽病草莓品种进行种植。

(2)育苗时进行严格的土壤消毒,草莓种植地避免重茬。

(3)合理控制草莓密度,施肥时避免氮肥过量,在定植时施足优质有机肥。

(4)在草莓开始伸长时进行喷药保护,可喷施80%代森锰锌可湿性粉剂800～1 000倍液或30%碱式硫酸铜悬浮剂700～800倍液等药剂进行预防。

(5)及时摘除草莓的病叶、病枝条、老叶及枯叶,如发现有病株及时带出园外进行销毁,减少传播。发现有炭疽病发生,可选用80%炭疽福美可湿性粉剂800倍液、2%嘧啶核苷类抗生素水剂100倍液,间隔5～7天,喷药3～4次。

图30 草莓叶片感染炭疽病

图31 草莓果实感染炭疽病

71 草莓灰霉病如何防治？

草莓灰霉病（图 32）防治方法如下：

（1）可以通过控制草莓种植密度（建议每 667 平方米控制在 8 000 株以内），并避免施用过多氮肥，防止草莓垄郁闭，不通风透气。

（2）草莓种植地尽量采用轮作制，同一地块避免连作，或进行严格的土壤消毒。

（3）采用棚室栽培草莓，在中午气温高时应及时通风除湿。

（4）给草莓适量补充微肥，提高草莓抗病力，在草莓幼叶开始生长时和蕾期喷施硼酸、硫酸铜、硫酸锰等。及时摘除草莓枯叶、老叶，发现病果立即摘除。棚室草莓灰霉病发生时可用速克灵烟熏剂处理，露地种植草莓可用 50％多菌灵 1 000 倍液或 70％甲基托布津 800 ～ 1 000 倍液防治。

图 32　草莓灰霉病

72 草莓白粉病如何防治？

草莓白粉病（图 33）防治方法如下：

（1）合理密植草莓，一般采用株距为 10 厘米左右，行距为 25 厘米左右。大棚草莓要适时通风、降温，一般在上午 11 时左右通风降温降湿，下午 4 时左右盖棚保温。

（2）选用抗病草莓品种，如宝交早生、哈尼、全明星等对白粉病有较强抗性的品种。

（3）摘除草莓园地面上的老叶、病残果，拔除病害严重的植株并集中深埋，注意园地的通风条件，雨后要及时排水。

（4）培育草莓壮苗，并适时移栽，施肥要施足腐熟有机肥作基肥，增施钾肥，提高草莓植株抗病性。

(5)在草莓生长前期,未发生白粉病时,可用75%百菌清可湿性粉剂600倍液或25%阿米西达悬浮剂1500倍液等保护性强的杀菌剂进行喷雾防护。在草莓生长中、后期,白粉病发生后,可用10%世高2000倍液或40%福星4000倍液等内吸性强的杀菌剂进行喷雾治疗。在白粉病发病初期进行,可用25%粉锈宁2000倍液或退菌特800倍液喷洒叶背面。

(6)改革栽培制度,实行一年一栽制。

图33 草莓白粉病

 73 果桑的生长习性有什么特点?

(1)果桑发芽期。自发芽到开放一片叶为止为发芽期。当日平均气温升至12℃以上时,冬芽开始萌动发芽。

(2)果桑旺盛生长期。果桑展叶后,随气温的升高,新梢生长逐渐加速而进入旺盛生长期。这时一般表现为上部的新梢生长快,越往下部抽生越慢。一般成年果桑新梢生长量在脱苞40天左右达到高峰。果桑采果结束后进行夏伐,由于中断了光合产物来源,根的生长暂时停止,根毛萎缩脱落,约1周桑芽萌发又逐渐恢复旺盛生长。

(3)果桑缓慢生长期。果桑树夏秋生长旺盛,随着气温下降,果桑树转入缓慢生长期。当气温下降到12℃以下时,停止生长。缓慢生长期是积累和贮藏营养物质的时期。因此,每一枝条上必须保留一定的功能叶片,以保持一定的光合面积。

(4)果桑休眠期。当气温下降到12℃以下时,果桑树停止生长,进入落叶休眠期。休眠是果桑固有的特性,为光照、温度等环境因素和植物激素所影响。脱落酸是果桑树体内的休眠激素,其含量也受温度、日照长短所左右,秋末初冬的低温、短日照有利于果桑树体内脱落酸的积累,脱落酸能促进落叶,对发芽有抑制作用。

74 果桑树什么时候施肥好?

（1）春肥。萌芽前树液开始流动至展叶期,应追肥1次,以速效性氮肥为主,如尿素、硫酸铵、碳酸氢铵等,也可配合施用腐熟的人粪尿和其他农家肥。花序出现后,应以磷钾肥为主。在幼果膨大到桑葚成熟期,需肥量最大,是需肥的临界期,土壤追肥1～2次。同时,为了提高桑葚的产量和品质,须叶面喷肥3～4次,肥料的种类有磷酸二氢钾、喷施宝等。

（2）夏肥。夏肥在果桑树夏伐后到7月下旬施用。此时温度高,降雨多,桑葚树生长快,也是需肥最多的时期。此时若肥料供应不足或过迟,会导致花芽分化不良,影响第二年产量。夏肥一般分两次施用,第一次在夏伐后,第二次在7月上旬。夏肥应以速效性肥料为主,氮、磷、钾肥要合理搭配,同时也可配合施用一些迟效的农家肥,如腐熟的厩肥、堆沤肥、土杂肥等。

（3）秋肥。秋肥施用时期宜早,最迟不得超过8月下旬。秋肥施用过迟导致枝叶后期旺长,养分消耗多,积累少,抗性减弱,影响翌年产量。秋肥应以磷钾肥为主,严格控制氮肥施用量。

（4）冬肥。冬肥在落叶休眠后施入。冬肥施堆肥、厩肥等各种有机肥,其目的是增加土壤有机质,改善土壤结构,为来年果桑树生长发育创造良好的土壤条件。

75 果桑树施肥量是多少?

根据各地经验,果桑产量与施有机肥的比例为1∶1～1∶5,即生产1千克果,需要多施有机肥1～5千克。幼树每产1千克果,施有机肥3～4千克;盛果期树每产1千克果,施有机肥2～3千克。如两年生果桑园每667平方米产果1000千克,应施有机肥3000～4000千克,同时混入磷钾肥8千克;盛果期树每667平方米产桑葚2000千克,应施有机肥4000～6000千克,再拌入过磷酸钙100千克。对肥力差,淋失严重的情况,还应多施基肥,并根据具体情况多次追肥。化肥施用应少量多次;壤土、黏土保肥力强,施肥量和施肥次数可适当减少。要随时观察,看果桑树是否缺乏营养元素,出现了失绿症状,然后有针对性地施用不同的营养元素。

76 果桑何时修剪比较好? 修剪技术有哪些?

（1）冬季修剪。冬季修剪简称冬剪,在果桑落叶后至树体萌动前进行。冬季修剪的任务是培养骨架,平衡树势,改善通风透光条件,确定留冬芽数和产量,剪去晚秋抽生的不充实枝条,以克服大小年结果现象,稳定树势,保证连年优质丰产。

（2）夏季修剪。夏季修剪又叫绿枝修剪,简称夏剪,是冬季修剪的补充。一般在果桑萌芽生长后进行。夏剪的主要任务是使幼树增加枝条数,加速整形进程;结果树改善光照条件,提高光合效能;调节营养生长和生殖生长矛盾,减少无效消耗,增进桑葚产量和品质。

(3)果桑的修剪方法。夏伐法。在桑葚采集后,经过一段时间的树体恢复,在距地面20~30厘米处,将植株地上部伐除,称为夏伐。夏伐多用于栽植密度大的果桑园。夏伐应按树形培养的要求和第二年选留结果母枝的数量进行。

除萌和疏梢法。果桑树早春或夏伐萌芽后,抹去或削去嫩芽称为除萌或抹芽,新梢开始迅速生长时疏除过密的新梢称疏梢。其作用是减少分枝,增强光照,便于通风,提高光合效能,降低生长素含量,有利于组织分化而不利于细胞生长,促进成花结果。

摘心和剪梢法。其目的在于促使二次梢的萌发生长,增加分枝数量,提高分枝级数,实现快速整形和早实丰产;适时摘心可促使枝芽发育充实,促进花芽分化,提高花芽质量和坐果率。

除二次枝法。夏伐后经定枝,已选留确定了第二年结果母枝的数量,结果母枝上叶腋萌发的二次枝应及时摘除,以防扰乱树形,影响光照。

短截法。短截是剪去枝梢的一部分,其作用是增加枝条数量,促进营养生长;短截后明显增强顶端优势和单枝生长强度。根据短截程度的长短又分为轻短截、中短截和重短截。轻短截是剪去枝长的1/3以下;中短截是在枝条中部选饱满芽下剪(约剪去枝的1/2);重短截是从基部的瘪芽处下剪,或截去全枝长的2/3~3/4。还有仅留枝条基部的1~4个芽,称超短梢短截。短截作用与短截强度有关,其强度愈强,作用愈显著。

疏剪法。疏剪又叫疏枝,即将枝条从基部疏除,多用于处理过密的枝条。其作用是改善树体光照条件,增强树冠内光线。用疏剪来控制生长过旺,疏去密生枝、细弱枝和病虫枝,可减少养分消耗,促进保留枝条生长势。

缩剪法。缩剪又叫回缩,即在多年生枝上短截。回缩修剪缩短了根和叶幕层的距离,从而提高代谢率,促进生长势的效果明显。缩剪有更新复壮的作用,多用于骨干枝更新。

 果桑菌核病如何防治?

果桑菌核病(图34)症状及危害:受到菌核病危害的果桑,呈乳白色或灰白色,弄破后散出臭气,病葚中心有一黑色坚硬菌核;或者果实显著缩小,灰白色,质地坚硬,表面有暗褐色细斑;或者小果显著膨大突出,内生小型菌核,病葚灰黑色,容易脱落而残留果轴。该病致使果桑无食用价值。

果桑菌核病防治方法如下:

(1)控制果桑种植密度,并适时对桑树进行修剪,以提高通风透光性,减少田间湿度,有利于病害防治。

（2）对果桑树增施有机肥、磷肥、钾肥，避免氮肥施用过量，以提高果树抗病能力，并做好田间排水工作，防止田间积水。

（3）果桑不能间种向日葵、油菜、辣椒、茄子、大豆、草莓等作物。

（4）在果桑始花期（桑花初开时）、盛花期（桑花全面开放）及盛末期（桑花开始减少，初果显现时），分别喷施70%甲基托布津1 000倍液或50%多菌灵可湿性粉剂1 000倍液进行防治，每次间隔7～10天，共3次。

图34　果桑菌核病

 桑尺蠖如何防治？

　　桑尺蠖（图35）一年发生4代，以第4代幼虫潜入树隙或贴附树枝上越冬。翌年早春果桑芽现青后，越冬幼虫开始活动，危害桑芽和叶片。越冬成虫在5月中旬产卵，下旬孵化，以后各代分别在7月上旬、8月中旬、9月下旬出现幼虫，11月上旬开始休眠越冬。

图35　桑尺蠖

桑尺蠖防治方法：一是在早春捕杀幼虫；二是在早春冬芽现青、尚未脱苞前和夏伐后喷洒90％敌百虫或80％敌敌畏1 000倍液防治；三是利用成虫趋光性用杀虫灯诱杀。

79 蓝莓种植需要哪些条件？

（1）建园地要求。园地应选择在地势平坦的地方（坡度≤15°）。蓝莓抗寒能力强，一般能抗－20℃以下的低温。蓝莓是喜光植物，园地应有充足的光照，附近没有高大的树木或建筑物遮阴。蓝莓既怕涝也怕旱，园地附近要求有灌溉水源，如果土壤水分过大就需要及时排水。

（2）土壤条件要求。蓝莓喜酸性土壤，土壤pH值应在4.5～5.5（酸度不足可以施用硫黄粉或酸性肥料调节），土壤有机质含量8％～12％（至少不低于5％），土壤疏松，通气良好（土壤孔隙度应大于50％）。蓝莓对钠、氯化物、硼、重碳酸盐等化学物质非常敏感，施肥须严格注意。

80 蓝莓花叶病如何预防？

花叶病（图36）是蓝莓生产中较为常见的一种病害，该病害会导致减产15％。该病症的表现为叶片变黄绿、黄色并出现斑点或环状枯焦，有时呈紫色病斑。花叶病的病因与品种基因有关。

花叶病的传播途径：一是通过蓝莓蚜虫传播；二是带病毒苗木。

蓝莓花叶病防治方法：一是施用杀虫剂控制蚜虫、叶蝉；二是田间选用脱毒砧木，销毁感染植株，栽植蓝莓前进行土壤消毒，选用抗病品种。

图36　蓝莓花叶病

蓝莓僵果病如何防治？

僵果病（图37、图38）主要危害生长的幼嫩枝条和果实，导致幼嫩枝条死亡，进而影响蓝莓产量。感病的花变成灰白色，类似霜冻症状。感病叶芽从中心开始变黑，枯萎死亡。病菌侵染3周后，在茎和叶片上出现大量灰褐色孢子。在蓝莓果实形成初期，受害果实外观无异常，切开果实后可见白色海绵状病菌。随着果实的成熟，与正常果实绿色蜡质的表面相比，被侵染的果实呈浅红色或黄褐色，表皮软化。

图37　蓝莓僵果病

图38　蓝莓僵果病造成大量落果

蓝莓僵果病防治方法如下：

(1)选用抗病蓝莓品种，如高丛蓝莓中的奈尔森、蓝塔、达柔、考林则抗病性强，蓝丰、伯克利、蓝乐、早蓝、泽西、维口则易感病。

(2)在入冬前，清除果园内落叶、落果，销毁或埋入地下，可有效降低僵果病的发生。

(3)在早春及开花前喷施 20%的嗪胺灵预防病害发生。

三、水产养殖技术

82 池塘生态健康养殖有哪些关键技术控制点?

在池塘生态健康养殖技术中主要有环境质量、苗种质量、投入品质量等关键技术控制点。环境质量主要包括水、气、土的质量。投入品主要包括苗种、饲料、饲料添加剂、渔药及微生态制剂等。在池塘健康养殖过程中,要抓住从"池塘到餐桌"全程控制和监管这一主线,切实把握源头治理、过程控制、市场准入和执法监督四个关键环节,才能向市场提供质优水产品,确保安全生产和放心消费。

83 池塘生态健康养殖对环境有哪些具体要求? 实施生态健康养殖的池塘应具备哪些条件?

对环境的要求如下:

(1)产地要求。养殖产地应是生态环境良好,无或不直接受工业"三废"及农业、城镇生活、医疗废弃物污染的水(地)域;养殖区域内及上风向、灌溉水源上游,没有对产地环境构成威胁的污染源,包括工业"三废"、农业废弃物、医疗污水及废弃物、城市垃圾和生活污水等。

(2)水质要求。符合国家标准:GB 11607—1989《渔业水质标准》;色、臭、味:不得使鱼、虾、贝、藻类带有异色、异臭、异味;漂浮物质:水面不得出现明显油膜或浮沫;悬浮物质:人为增加的量不得超过 10 毫克/升,而悬浮物质沉积底部后,不得对鱼、虾、贝、藻类产生有害的影响;pH 值:6.5 ~ 8.5;溶解氧:连续 24 小时中 16 小时以上必须大于 5 毫克/升,其他任何时候不得低于 3 毫克/升。

(3)底质要求。底质无工业废弃物和生活垃圾,无大型植物碎屑和动物尸体,无异色、异臭。

实施健康养殖的池塘应通风,池塘大小、水体温度、盐度等要符合养殖对象生活习性的要求。底质要符合养殖生物的特性。无大型植物碎屑和动物尸体等废弃物,无生活垃圾,无异色、异臭。池塘应配备增氧机,水处理、贮存、捕捞等辅助设施,有条件的最好能设立环境和病害检测化验室,配置必需的检测、分析仪器和设备。还应在临近养殖场地建设仓库,必须通风、干燥、清洁、卫生,有防潮、防火、防爆、防虫、防鼠和防鸟设施。

 84 池塘养殖废水如何实现达标排放？

（1）物理处理法。换水和物理增氧是池塘精养中日常管理最常用的办法，一般每天更换10%左右的水就能使水质维持良好状态，增氧机可增加水体溶解氧，促进池水对流、氧化有机物。根据养殖废水的物理特性，可通过过滤、吸附、泡沫分离、物理消毒等几种方式处理。

过滤。通常是去除粒径60～200微米的颗粒物。

吸附作用。可以降低养殖水体的有毒物质、固体悬浮物的浓度。

泡沫分离。可去除水中溶解有机物和悬浮物，降低水体总氮量和BOD（生化需氧量）、COD（化学需氧量）含量，增加水体溶解氧。

物理消毒。具有杀菌高效性、广谱性、无二次污染、无杂音、占地少及连续大水量消毒等优点。

（2）化学处理法。通过泼洒有机或无机化合物，与水中污染物或悬浮物起化学反应来改善水质，按照化学反应类型可分为絮凝法、中和法、络合法、氧化还原法。

（3）生物处理方法。利用生物的生命代谢活动来降低存在于环境中有害物质的浓度或使其完全无害化，从而使受到污染的生态环境能够部分或完全恢复到原初状态的过程。包括植物、动物、微生物以及复合生态系统，利用生物的生长代谢来吸收、降解、转化水体和底泥中的污染物，降低污染物浓度，减轻污染物对环境的影响。

植物净化。指利用植物的生长来吸收养殖水中的营养物质，富集和稳定水体中过量的氮、磷、悬浮颗粒和重金属元素，达到净化水体的目的。主要包括高等植物和藻类两种净化种类。

动物净化。指利用滤食性鱼类和贝类的滤食活动降低水中悬浮有机颗粒和藻类的数量，提高水体透明度。

微生物净化。指利用微生物将水体或底质沉积物中的有机物、氨氮、亚硝态氮分解、吸收、转化为有益或无害物质，达到环境净化的目的。①微生态制剂，是指一些对人类和养殖对象无致病危害并能改良水质状况、抑制水产病害的有益微生物，常见如光合细菌、芽孢杆菌等。②固定化微生物技术，一般指经过富集、培养、筛选得到高密度生化处理混合菌，然后通过一定的包埋方式将菌种固定在一个适宜其繁殖、生长的微环境（如海藻酸钠、PVA等凝胶材料）的技术，从而达到有效降解养殖废水中某些特定污染物的目的。③生物膜法，指通过生长在滤料（或填料）表面的生物膜来处理废水，对受有机物及氨氮轻度污染的水体有明显的净化效果。

（4）集成水质处理方法。

人工湿地—养殖池塘复合生态系统。人工湿地是由人工基质和生长在它上面的湿地植物、微生物组成的一个独特的土壤—植物—微生物生态系统,利用湿地中的机制,植物和微生物之间通过物理、化学和生物的协同作用净化污水。

池塘综合养殖。综合养殖是运用生态学原理,将各具特点的生态单元,按照一定的比例和方式组合起来使其具有污水净化功能的高效无污染的养殖系统。

85 实现生态健康养殖的饲料有哪些种类?

鱼类的食性很广,饵料种类繁多,通常将它们归纳为天然饵料和人工饲料两大类。

(1)天然饵料。是指在水体中天然条件下生长的、对鱼类有营养价值的可被鱼类利用的生物类群。

(2)人工饲料。是指通过人工收集、加工、投喂的饲料。如由人工采集成增殖的水陆生动植物、农作物及其副产品等。配合饲料也是一类人工饲料,由多种原料根据养殖对象的营养需求调配加工而成,在养殖业上有广泛的应用前景。通常,养殖鱼类的饲料分为植物性饵料、动物性饵料和人工配合饲料三大类。植物性饵料如黑麦草、伊乐藻、轮叶黑藻等;动物性饵料如人工饲养的轮虫、螺、蚬等;人工配合饲料则主要是质量过关的各种颗粒料、膨化料。

86 如何选购优质配合饲料?

(1)味觉鉴定。可将少许饲料放入口中舔咬,优质饲料味好,劣质饲料有怪味。

(2)嗅觉鉴定。饲料有无霉臭、氨臭、腐臭、焦臭等,有则为劣质饲料。

(3)触觉鉴定。通过触摸饲料颗粒大小是否一致、硬度、黏稠性等来判断饲料优劣。

(4)视觉鉴定。有光泽、颜色鲜亮一般为优质饲料。

(5)饲料系数。饲喂饲料重量和鱼体增重之比为饲料系数,饲料系数越低,饲料质量越好。

87 配合饲料在贮藏时应如何进行日常管理?

配合饲料在贮藏期间因水分、温湿度、虫害、鼠害、微生物等因素而受损。因此,要采取相应措施,加强日常管理,避免其受损害。

(1)控制水分和湿度。一般要求配合饲料的水分在 12% 以下。如果含水量大于 12%,或空气湿度大,配合饲料返潮、发霉变质。因此,配合饲料在贮藏期间必须保持干燥。贮藏仓库要干燥、通风,地面要铺垫防潮物。一般在地面上铺一层经过清洁消毒的稻壳、麦麸或秸秆,再在上面铺一层草席或竹席,即可堆放配合饲料;也可将配合饲料堆放在木制架上,即可防潮。

(2)防止虫害和鼠害。鼠虫除吞吃配合饲料外,还会破坏仓库,污染饲料,传播疾病。为避免虫害和鼠害,在贮藏饲料前,应彻底清扫仓库内壁、夹缝及死角,堵塞漏洞,并进行密封熏蒸处理,以减少虫害和鼠害。

(3)严格控制温度。温度对贮藏饲料的影响较大,应该严格控制。温度低于10℃时,霉菌生长缓慢;高于30℃则生长迅速,使饲料很快霉变。饲料中不饱和脂肪酸在温度高、湿度大的情况下,容易氧化变质。因此,配合饲料应贮于低温通风处,库房应具有防热性能,防止日光辐射热的透入;仓顶要加隔热层;墙壁涂成白色,以减少吸热;仓库周围宜植树遮阳,以避免日光照射,缩短日晒时间。

(4)掌握好贮藏时间。配合饲料购进后,最好在一个月内用完,并按照"先进先用"的原则。贮藏时间最长不超过2个月,超过2个月,即使低温、低湿、低含水量,维生素等物质也会分解,影响配合饲料质量。

88 适宜丘岗山区的养殖品种主要有哪些?

包括冷水鱼、热带鱼和常规鱼类三大类。冷水鱼包括虹鳟、金鳟、三文鱼、鲟鱼、大鲵等,主要利用山溪、地下泉水、水库等资源进行养殖。热带鱼包括罗非鱼、淡水白鲳、石斑鱼等,主要利用温泉、发电厂余热水等资源进行养殖。常规鱼类如草鱼、鲫鱼、鳊鱼等,利用流水池塘、坑塘等进行养殖。

89 丘岗山区池塘生态健康养殖模式有哪些?

丘岗山区池塘生态健康养殖模式主要分为以下四种:

(1)标准化池塘养殖模式。其规模较大,适合大型水产养殖场。模式特点是"系统完备、设施设备配套齐全、管理规范"。标准化池塘养殖场在要求和标准上较经济型池塘高很多,除了完备的基础设施外,还要有配套完备的生产设施,养殖用水和排放水都有一定要求。

(2)生态节水型池塘养殖模式。该模式在标准化池塘养殖模式基础上,利用养殖场及周边的沟渠、稻田、藕池等对养殖排放水进行处理排放或回用,达到节约水资源又防止污染环境的双重目的。

(3)循环水池塘养殖模式。该模式需要标准化的设施设备条件,并通过人工湿地、高效生物净化塘、水处理设施设备等对养殖排放水进行处理后循环使用。一般由池塘、沟渠、水处理系统、动力设备组成。排出池塘养殖废水经净化除污处理后进入生态沟渠再次净化和增氧,再引流回池塘,达到污水的零排放零污染。

(4)动物共生、鱼禽轮养、水旱轮作循环养殖模式。这种模式是指淡水养殖动物与水生经济植物共生、渔业和畜牧轮作等复合生态养殖模式。

如何选择适宜作为结构调整的品种?

套养吃鱼的品种。在同一口池塘中,适当套养一些肉食性鱼类,如鳜鱼、乌鳢(黑鱼)、加州鲈鱼、鲇鱼等,利用这些鱼类,既可以清除池塘里的经济价值低的小型野杂鱼类,将它们转化为优质水产品,又可为放养鱼类减少了争食、争氧对象,提高养殖鱼类的产量。

一般每 667 平方米水面可套养肉食性鱼类 10 ～ 30 尾,在不增加投饵的情况下,可增加优质鱼类 10 千克左右,增加产值 150 ～ 200 元。要注意的是,肉食性鱼类投放时规格要小于主养鱼类,以保主养鱼的安全。

主养怕冷的品种。即养热带鱼、虾,如罗非鱼、淡水白鲳、巴西鲷以及罗氏沼虾、南美白对虾等。这些品种肉质较好,有的颜色艳丽,可作垂钓对象,养殖条件要求不高,既可单养,也可混养,养殖周期短,见效快。

混养长腿的品种。即实行鳖(甲鱼)、乌龟、河蟹、青虾、牛蛙、美国青蛙等与鱼类混养。既可以鱼为主,也可以鳖、蟹、虾等为主。如以鱼为主,每 667 平方米混养几十只甲鱼,利用池内小杂鱼,再补充一些饲料,每 667 平方米产甲鱼 10 ～ 20 千克是容易办到的。

精养"绝后"的品种。即引进养殖湘云鲫、湘云鲤等三倍体鱼类。因这些鱼类不能繁殖后代,具有生长快、肉嫩味美等优点,而且在较低的温度下(5℃)即可摄食,相对延长了生长期,产量较高。

暂养"小品种"。如泥鳅、黄鳝等,长期以来都被人们认为是"小品种",规格小、产量低。现在这些"小品种"由于其味道鲜美、营养丰富而逐渐受到消费者的青睐,价格多年来比较平稳。可以利用春季将规格较小的黄鳝、泥鳅买进来,实行投饵精养。经过几个月的时间,到下半年以后上市,不但达到较大规格,同时市场价格也会有较大提高。

 大宗淡水鱼苗种培育有哪几种方式? 应掌握哪些关键技术?

大宗淡水鱼苗种培育主要是静水培育。静水培育一般是在池中施肥,以繁殖轮虫等鱼类的天然食料,并辅以人工饲料,是培养淡水鱼类苗种的传统方法,利用湖汊、库湾等较大静水体培育苗种亦属此类。将全长 6 ～ 9 毫米的鱼苗,经过 15 ～ 30 天培育,养成全长 3 厘米左右的鱼种,属于鱼苗培育阶段;将 3 厘米的鱼种培养成全长 15 厘米左右的当年鱼种,为鱼种培养阶段。

关键技术环节如下:

(1)鱼苗、鱼种池准备。要求池底平坦,无大量淤泥,杂草;靠近水源,注意排水便利,水质良好,含氧较高,光线充足。苗种入池前施生石灰、茶粕,杀灭病菌、野杂鱼,同时使水体呈弱碱性,提高钙离子浓度。

(2)苗种投放。鱼种放养密度视规格而定,一般每667平方米放养1万尾。培育鱼苗采用单养,鱼种则采用上中下层鱼种混养,充分利用水体内的饵料生物。

(3)施肥和投喂食料。鱼苗下塘前先施肥培养轮虫等浮游生物作为饵料,此后向池中施肥,根据池水肥度,每日1～2次或隔数日1次,每667平方米水面每次施肥数十至百余千克有机肥料。除施肥外,还可投喂商品饲料和豆浆等,也可用水花生、水浮萍、水葫芦等水生植物打成草浆饲喂。

(4)改善水质。苗种培育期间,适时加注新水改善水质和增加溶氧量,促进饵料生物繁殖,加速鱼体生长。

(5)鱼种出塘前,须进行拉网锻炼,即用网将鱼捕入网箱密集一段时间,每日或隔几日1次,共2～3次,有利于提高鱼体耐运输能力。

92 大宗淡水鱼池塘生态健康养殖关键技术有哪些?

(1)池塘条件。大宗淡水鱼池塘生态健康养殖,需要建设专门的养殖基地,使之达到一定规模,便于规模化生产和集中管理。生态养殖对生产基地的基本要求:基地周围无任何污染源,如工业"三废"、农业废弃物、农药、生活污水、生活垃圾或医疗垃圾等都不允许存在;基地要求水源充足、水质优良,水质必须符合NY 5051—2001《无公害食品 淡水养殖用水水质》的规定;基地应具备专用的进水及排水渠道,养殖废水集中收集统一处理或经湿地过滤后再予以排放;另外养殖基地应当有方便的交通运输条件,以及电力条件等,便于养殖生产的安排。养殖基地一般以规划整齐的池塘为生产单元,池塘东西向长方形,面积以2 000～10 000平方米为宜,长宽比为5∶3或2∶1,水深要求2.5米左右,池坡比以1∶2.5为宜,池埂坚固、结实、不渗漏,池边建有专门的进排水口,并有完善的防逃装置。池塘应清除过多的淤泥,保持淤泥10～15厘米,冬季宜干塘暴晒池底。

(2)苗种放养。苗种的好坏直接关系到产品质量。目前大宗淡水鱼苗种生产质量参差不齐,进行生态健康养殖必须选用具有苗种生产许可证的正规鱼苗繁育厂家生产的鱼种,如有条件应对繁育亲本来源予以求证,确保亲本来源于有资质的国家级或省级原良种场,鱼种经无公害培育管理育成,鱼种质量符合相关标准,具备本品种优良性状。运输鱼种应持有各种必要的检验检疫合格证书,以便追溯源头。鱼种入池前,须经消毒处理。

(3)饵料投喂。饵料成本是养殖生产成本中的重要组成部分,一般占养殖总成本的七成以上。根据鱼类的营养要求,选用符合鱼类生长要求的饵料,原料经过精细粉碎、科学配比、加工制成符合鱼类摄食的适口饵料。

(4)鱼病防控。渔药使用是生态健康养殖中的重要一环,如使用不当,极易在鱼体中残留,造成鱼的质量不合格,因此要慎重使用渔药。渔药一般包括杀菌剂、灭虫剂、水质改良剂等。在 NY 5071—2002《无公害食品 渔用药物使用准则》中详细列出了 26 种可以使用的渔药及使用方法,如二氧化氯、二溴海因、大蒜素、三黄粉、强氯精、高锰酸钾等。在使用渔药时,坚持以预防为主、防治结合,发现鱼有病征兆时要细致观察、正确诊断、对症用药、准确计算、足量使用,确保使用效果。坚持利用生物、生态、物理、化学防治方法相结合,针对不同病害,摸清发病原因,探寻防病机理,运用综合手段,减少病害发生。

(5)水质调节。进行生态健康养殖,最为关键的一个技术环节就是调好水质。大宗淡水鱼对水质要求基本一致,如 pH 值为 7 ～ 8.5,最适生长水温 20 ～ 28℃,水体透明度 25 ～ 40 厘米,溶解氧 5 毫克 / 升以上,氨氮、硫化氢等有害物质控制在不足以影响鱼的正常生长的范围之内,水体中的浮游生物密度适宜,浮游植物及浮游动物种类多数能被鱼类摄食,水质保持清新、嫩爽,水域生态呈良性循环。控制水质的措施一般有以下几项:一是及时换水。高温季节水质易变质老化,及时更换部分池水,对改良水体环境,促进鱼的健康生长极有好处,换水一般在 7—8 月,每周 1 ～ 2 次,每次 50 ～ 80 厘米。其他季节每半月 1 次,每次 50 厘米,换水时应注意对水源的消毒与过滤,以免有害生物及病菌害虫随水入池。二是适时增氧。增氧机是高产池塘的必备条件,进行生态健康养殖必须采取科学的增氧措施,使池水溶氧保持在鱼类适宜生长的范围内。采用增氧机增氧一般在养殖中后期进行,具体方法为每天凌晨 3—6 时增氧 3 小时左右,午后视水质情况增氧 2 小时左右,阴雨天气半夜就要开机增氧。机械增氧可以有效缓解池塘水体溶氧不足的压力,使水体溶氧充足。三是用生石灰改良水质。养殖期间,残饵及鱼类排泄物的积累、分解等因素的影响,水质易酸化,可以采用施用生石灰的方法调节水体pH值,净化水质,并能增加水体中的钙质,对水环境的改良大有益处。四是使用微生物制剂,包括光合细菌、芽孢杆菌、乳酸菌、噬菌蛭弧菌等。微生物制剂具有参与鱼类体内的微生物调节、防止鱼类体内有毒物质的积累、提高鱼体免疫力、净化水质、消除分解污染物、促进鱼类生长等功效,适时适量施用微生物制剂对肥水调水、改良水质底质、预防鱼类病害等都有好处,在使用微生物制剂时,必须注意用量要足,并且不间断使用,使水体保持较长时间有益菌占优势地位的态势,充分发挥微生物制剂在调水改水方面的作用。

(6)均衡上市。大宗淡水鱼养殖,一般都是春放冬捕,集中上市,容易造成成鱼大量积压,价格下滑,效益下降,因而有计划地分批上市尤为重要。宜根据市场需求调整放养品种及规格,在养殖过程中通过轮捕间捕,合理调节池塘载鱼量,使池塘水域生物总量处于一个动态平衡的状态,对于存塘鱼的生长及水质的培育大有好处。

93 苗种运输有哪些关键技术环节？运输前要做好哪些准备工作？

苗种运输关键技术环节如下：

(1)选取体质健壮的鱼种，做好鱼体锻炼工作。

(2)运输途中常注入准备好的新水，并对运输器进行适当的设计，使运输过程中水能与空气充分接触，增加溶氧。同时使用增氧设备增氧。

(3)合适的运输密度，避免鱼体擦伤和缺氧。

(4)注意运输途中的管理，如水温、二氧化碳、氨氮、pH值等检测。

准备工作如下：

(1)控制投饵量。在运输鱼种前一天不喂食，目的是为了让鱼种在运输过程中减少粪便污染水质和因消化食物而过多地消耗水中溶氧，以提高运输成活率。

(2)拉网锻炼。拉网锻炼的目的是为了锻炼鱼种体质，密集过程促使幼鱼分泌黏液和排出粪便，提高适应能力。

(3)防止鱼体机械损伤。在运输的一系列操作(起鱼、过数、装袋、运输、消毒、下塘)中应力求做到轻快，减少鱼体体表损伤。

(4)鱼苗选择。挑选体质健壮、无病无伤的鱼种，并经过镜检确认无寄生虫等疾病存在。

94 黄颡鱼池塘生态健康养殖有哪些模式？技术要点是什么？

黄颡鱼池塘生态养殖模式主要有池塘养殖和流水池塘养殖两种模式。

(1)池塘养殖模式。

池塘主养。黄颡放养规格为8～10厘米，放养密度为每667平方米6 000～8 000尾，放养时间在3—4月。花鲢、白鲢鱼种放养规格为50～100克，放养密度为每667平方米150尾(花鲢50尾、白鲢100尾)，放养时间在黄颡放养后15天。该模式预计每667平方米出产黄颡鱼600～800千克、其他鱼类500千克左右。

甲鱼池套养。黄颡放养规格为10厘米，放养密度为每667平方米3 000～3 500尾，放养时间在3—4月。甲鱼放养规格为150～200克，放养密度为每667平方米200～250只，甲鱼的放养时间在4月底至5月初。该模式预计每667平方米可出产黄颡鱼400千克左右、甲鱼100～150千克。

亲鱼池套养。亲鱼人工繁殖后套放黄颡鱼，放养规格为30克以上，放养密度为每667平方米100～200尾。该模式预计每667平方米可增收黄颡鱼10～20千克。

河蟹池套养。黄颡放养规格为8～10厘米，放养密度为每667平方米400～500尾，放养时间在4月。河蟹放养规格为50～100只/千克，放养密度为每667平方米500～600只，放养时间在2月底或3月初，也可选择在上一年的冬季放养。

该模式预计每 667 平方米可出产黄颡鱼 40 ~ 50 千克、河蟹 70 千克左右。

稻田套养。黄颡放养规格为 8 ~ 10 厘米,放养密度为每 667 平方米 2 000 ~ 3 000 尾,放养时间在 5—6 月。该模式预计每 667 平方米可增产黄颡鱼 250 千克左右。

藕塘套养。黄颡放养规格为 10 厘米,放养密度为每 667 平方米 3 000 ~ 4 000 尾,放养时间在 4 月中旬。该模式预计每 667 平方米可增产黄颡鱼 300 ~ 400 千克。

(2)流水池塘养殖模式。流水池塘养殖模式是黄颡鱼高密度的集约化养殖方式,水量充足、水质佳、基础设施好、技术得当,平均每 667 平方米产量可达 4 万 ~ 5.5 万千克。流水养殖主要利用工业流水、河流、水库等具有落差的自然流水和循环过滤水。放养模式有单养、主养和配养,放养密度由池塘、水流、温度、技术水平等综合条件决定,一般单养每平方米放养 300 ~ 500 尾,主养每平方米放养 100 ~ 200 尾,配养每平方米放养 30 ~ 50 尾。

养殖技术要点如下:

(1)苗种选择。由于黄颡鱼雄鱼生长速度明显高于雌鱼,在自然繁殖情况下,雌鱼所占比例为 4% ~ 5%,当雄鱼生长到商品黄颡鱼规格时,雌鱼还远达不到规格,实际售鱼情况下,规格越齐整,卖价也好,因此,应当购买全雄黄颡鱼(正规苗场雄鱼比例可至 95% 以上)鱼苗饲养,挑选鱼种时,应当挑选体质健壮、无病无伤的鱼种,以提高成活率。

(2)投喂管理。投喂黄颡配合饲料,并在喂食前进行驯食,坚持"四定"原则,日投喂 2 ~ 3 次,日投饵率在 3% ~ 5%。

(3)水质管理。水体溶氧应保持在 5 毫克/升以上,水体透明度在 30 ~ 40 厘米,每月保持消毒改底。

(4)鱼病防治。黄颡鱼养殖除预防常规鱼病外,易发俗称"一点红"的暴发性疾病,主要症状如下:病鱼头顶溃烂,红肿,穿孔,鳃充血,鳍条基部充血,离群独游或较长时间头朝上、尾朝下垂直悬于水中,且来回转动。该病主要是车轮虫等寄生虫寄生引起的细菌性并发症,预防方法主要是鱼种、鱼池消毒,降低养殖密度并定期换水、改水,防止水质恶化,定期用硫酸铜硫酸亚铁合剂(5:2)杀灭车轮虫等。一旦发病,除外泼洒硫酸铜硫酸亚铁外,还须内服恩诺沙星+四环素+维生素 C 进行治疗。

95 **斑点叉尾鮰池塘生态健康养殖有哪些模式?技术要点是什么?**

斑点叉尾鮰养殖模式较多,可单养可混养,可在池塘、水库养殖,也可在网箱或流水池进行集约化养殖。而池塘生态健康养殖模式,主要分为池塘精养鮰鱼苗模式、池塘精养商品鮰鱼模式、池塘混养模式。

(1)池塘精养鲫鱼苗模式。投放密度为每 667 平方米 20 000 ～ 30 000 尾,投放规格为 3 厘米左右,每 667 平方米产量可达 900 ～ 1 250 千克。

(2)池塘精养商品鲫鱼模式。投放鲫鱼规格 0.05 千克 / 尾,密度为每 667 平方米 2 000 ～ 4 000 尾,每 667 平方米产量 750 ～ 1 500 千克;白鲢 0.05 ～ 0.15 千克 / 尾,密度为每 667 平方米 40 ～ 80 尾,每 667 平方米产量 50 ～ 150 千克;花鲢 0.05 ～ 0.25 千克 / 尾,密度为每 667 平方米 50 ～ 60 尾,每 667 平方米产量 100 ～ 200 千克;鲫鱼 0.05 千克 / 尾,密度为每 667 平方米 200 ～ 400 尾,每 667 平方米产量 75 ～ 200 千克。

(3)池塘小草鱼套养模式。除正常投喂小草鱼苗外,每 667 平方米投放规格 0.1 ～ 0.2 千克 / 尾斑点叉尾鮰 80 ～ 100 尾,预计每 667 平方米增产斑点叉尾鮰 50 ～ 80 千克。

养殖技术要点如下:

(1)池塘水源充足,水质良好,周边无污染源,养殖设施设备完善。

(2)鱼种下池前用生石灰对池塘进行彻底清塘清淤消毒。

(3)应选择种质纯正,规格整齐,体质健壮,活动能力强,体表无伤的鱼苗。斑点叉尾鮰苗体长 12 ～ 15 厘米,鲢鳙鱼体长 10 ～ 20 厘米。根据池塘条件、养殖时间合理控制放养密度,养殖技术管理设施到位情况下,每 667 平方米放养斑点叉尾鮰 15 000 ～ 18 000 尾,搭配放养滤食性鲢鳙鱼 2 250 ～ 3 000 尾和少量其他吃食性鱼类,放养前用食盐水浸泡鱼体消毒。

(4)选用优质饵料,由于斑点叉尾鮰在各生长阶段对营养需求不同,故不同生长阶段应选择相应档次饵料。体重 100 克以下,选用蛋白含量 35% ～ 36% 的饵料;体重 100 ～ 400 克,选用蛋白含量 33% ～ 34% 的饵料;体重 400 克以上,选用蛋白含量 30% 的饵料。投喂遵循"四定"原则,日投饲率在 3% ～ 5%,根据实际设施情况合理投喂。

(5)适时补充新水,增加水体溶解氧,定期泼洒微生物制剂调控水质,合理使用增氧机,保障水体水质清新,适合鱼体生长。

(6)鱼病防治坚持"以防为主",养殖期间每半个月左右用生石灰全池泼洒消毒水体,同时内服护肝药类和维生素 C 预防疾病。

 杂交鲌池塘生态健康养殖有哪些模式?技术要点是什么?

杂交鲌池塘生态养殖模式主要为主养模式和套养模式。

(1)主养模式。放养 1 龄鱼种,要求规格在 10 厘米以上,根据池塘的水源和设施条件来调整放养量,平均规格 25 克,放养密度为每 667 平方米 18 000 尾。可混养少量白鲢、花鲢与草鱼,有条件的亦可在注水后放入适量抱卵青虾,通过培养青虾幼苗,增加天然动物性饵料。鱼种要求体质健壮、无伤无病、规格整齐,在 2 月上旬晴朗天气放养。

(2)套养模式。鲢鳙鱼种为主套养杂交鲌,既培育了大规模鱼种,也可获得一定产量的商品杂交鲌,提高了经济效益。养殖过程中要不断提高水位,提供适口的饵料鱼(体长小于杂交鲌体长的 25%)。套养时要求鱼种规格尽量一致,套养比例 5%~8%,养殖密度为每 667 平方米 1 200~1 800 尾,每 667 平方米可产杂交鲌商品鱼 600~900 千克。

养殖技术要点如下:

(1)池塘水源充足,水质良好,周边无污染源,养殖设施设备完善。

(2)鱼种下池前对池塘进行彻底清塘消毒。

(3)应选择种质纯正、规格整齐、体质健壮、活动能力强、体表无伤的鱼苗。一般每 667 平方米投放体长 15 厘米的杂交鲌鱼种 800 尾左右,同时搭配混养每千克 4~10 尾的鲢鳙鱼 20~30 尾、每千克 20~30 尾的异育银鲫 50~80 尾,根据池塘条件和管理能力合理设置投放密度。

(4)选用优质饵料,投喂遵循"四定"原则,根据实际设施情况合理投喂。饵料主要以冰鲜鱼和配合饲料为主,投喂配合饲料前须用冰鲜鱼糜拌裹饲料投喂,等杂交鲌适应摄食后再投喂配合饲料。

(5)适时补充新水,增加水体溶解氧,定期调控,保障水体水质清新,适合鱼体生长。

97 池塘鱼鳖混养有哪些技术关键点?

(1)池塘条件。一般要求池塘面积在 2 000~5 000 平方米,水深 1.5~2.0 米,池坡比 3∶1。池底淤泥不超过 20 厘米,并要求平坦。池堤面宽 2~3 米,埂上可用铁皮或水泥瓦设防逃墙。600~1 300 平方米池边设 1 个饵料台,饵料台上端稍出水面,下端入水 0.1~0.3 米;在池边建一个晒鳖台或沙洲,或者在池中设置一个人工小岛,以便于鳖上岸活动,即"晒背"。位置要求选择在环境安静的地方,水源清洁,池塘排灌方便,阳光充足。

(2)放养前准备。池塘在冬季要干塘暴晒或风冻,老化池塘要清除过多的底质淤泥。放养前,注水 0.8~1.0 米,每 667 平方米用 150 千克左右的生石灰清塘。然后施入经过发酵腐熟的人、畜、禽粪等有机肥肥水,新开挖的池塘施肥量为每 667 平方米 500 千克左右,老化池塘施肥量为每 667 平方米 250~350 千克。清塘后 10 天每 667 平方米放养湖螺 30~100 千克。

(3)放养时间及要求。由于各地的气候条件不同,鳖、鱼放养的时间也有所区别。如华东地区放鱼可在 3 月中旬,放鳖可在 5 月底或 6 月初池塘水温升至 25℃

左右时；华南地区放鱼可在 2 月中下旬，放鳖在 4 月或 5 月初；华中地区鱼鳖可同时放养；东北、西北地区气候冷可适当迟放些，放养时按每立方米水体用 20 克高锰酸钾配成药液，浸洗鳖体 5 ～ 10 分钟。鳖最后放养在食台上，任其从食台上爬下，然后游走，放完后应马上在食台上撒些颗粒饲料诱食。

（4）饲料投喂。鳖主要摄食高蛋白的动物性饵料，如活的螺蛳、蚌、新鲜鱼虾块、蚯蚓等，也摄食富含淀粉的植物性饵料，如黄豆、玉米等。混养池中的鱼放养后只在高温季节看情况适当投些饲料，主要靠池中的天然饲料。鳖则可投喂成鳖饲料，初次投喂数量不可多，如全部吃光就加倍投喂。饲料投喂视摄食情况作适当增减。反复几天，使鳖养成到食台吃食的习惯，根据鳖的吃食量，用精养的方法以 5% 的幅度根据实际情况灵活增减，不可仅按放养重量去推算投饲率的定量。死猪、死禽和动物内脏不能直接投到池里喂鳖。因鳖在人工饲喂时是不吃这些死动物的，相反倒会败坏水质，即使要喂也应煮熟加工后与其他饲料混合做成颗粒饲料投喂。

（5）换水。由于混养池中鱼类的放养量并不多，加之投饲较少，一般不会出现较大的水质问题。但高温季节的连续阴雨天，应注意经常换水。每次加水可提高池塘水位 10 ～ 20 厘米，每次换水可为池水总量的 1 / 3 左右。由于鳖生长发育的钙质需要量较多，还须投放适量的生石灰，在鱼鳖生长的旺季，每隔 30 天投放 1 次，用量为每 667 平方米 30 千克左右，既可满足鳖、螺的需要，又能改善水质。

（6）病害防治。6 月起每隔 20 天用生石灰 20 毫克 / 升或漂白粉 1.5 毫克 / 升兑水化浆全池泼洒 1 次，以消毒、灭菌和调节池塘水质；每月内服药饵 1 个疗程，每个疗程 3 天；每隔 7 ～ 10 天清洗饲料台 1 次，同时清除池边杂草，并经常保持池塘水环境及周边环境的清洁卫生。

（7）巡塘检查。每日巡塘 3 次，注意观察鱼鳖的摄食、生长情况，及时消灭蛇、鼠等敌害生物，同时检查防逃、防盗设施是否完好。混养池巡塘时要特别注意防逃墙底部有否洞穴，进出水口栏栅有否损坏，如发现应及时修复。

（8）捕捞。捕捞可采用拦网清底法，这种方法可与捕鱼同时进行。方法是先把池水放到 1 米深处，再把饲料台和晒鳖台拆除进仓保管，然后用网线粗为 4 毫米、网目大小为 3 ～ 4 厘米的大拉网拉几网，大部分中上层鱼和部分鳖被捕起。此时操作人员除起网场地外，禁止到池中间去乱踩。拉网后静置 1 天再把水位放到 40 厘米处，用同样方法拉几网，可把 95% 的鱼和部分鳖捕起。然后放干水，先捞出剩余的底层鱼，再组织人在池底抓摸捕鳖。这种方法的优点是捕得较干净，也不伤鳖，但工作量和劳动强度大。

 池塘泥鳅养殖有哪些技术关键点？

（1）养殖池塘。养殖池塘应靠近水源，水质清新且无污染，池塘进排水方便，土质为中性或微酸性的黏质土壤,交通电力均有保障。面积几千至几万平方米均可,池深 80 ～ 100 厘米,用生石灰或漂白粉清塘消毒。

(2)鳅种放养。一般选择台湾泥鳅或大鳞副泥鳅养殖,放养前用食盐水浸泡消毒,放养密度每平方米水面放体长 3 ～ 5 厘米的鳅种 100 ～ 150 尾,或体长 6 厘米以上的鳅种 60 ～ 70 尾。放养密度根据水源条件及设施设备适当调整。

(3)饲料投喂。遵守"四定"原则投喂。

(4)日常管理。坚持巡塘,发现鸟类等天敌及时驱赶。池塘水质应保持肥活爽嫩,以黄绿色为佳,每周应换水 1 ～ 2 次。

(5)常见病害防治。

水霉病。由水霉、腐霉等真菌感染所致,大多由鳅体受伤导致霉菌孢子在伤口繁殖并入侵机体组织,肉眼可见发病处有白色或灰白色棉絮状物,治疗方法是 0.4‰ 的小苏打和食盐配制而成的混合液全池泼洒。

赤鳍病。由短杆菌感染所致,病鳅鳍部、腹部、皮肤、肛门周围充血、溃烂,尾鳍、胸鳍发白、腐烂,治疗方法是用 0.001‰ 的漂白粉全池泼洒。

打印病。由嗜产气单孢杆菌寄生所致,病鳅病灶浮肿、红色,呈椭圆形、圆形,患处主要集中在尾柄两侧,防治方法是用 0.0005‰ 的二溴海因全池泼洒。

寄生虫病。主要是由车轮虫、舌杯虫和三代虫等寄生所致,病鳅鱼体瘦弱,常浮于水面,急促不安,或在水面打转,体表黏液增多,防治方法是用 0.0007‰ 的硫酸铜硫酸亚铁合剂(5∶2)全池泼洒防治车轮虫和舌杯虫病;用 0.0005‰ 的 90% 晶体敌百虫全池泼洒防治三代虫病。

99 池塘鳜鱼养殖有哪些技术关键点?

(1)池塘条件。池塘要求靠近水源,水量充足,水质优良,排灌方便,周边无污染源。面积以 2 000 ～ 3 500 平方米为宜,水深为 1.5 ～ 2.0 米,池底基本平坦,土质以沙壤土为佳。在池四周需要开挖 50 厘米左右、深 30 ～ 40 厘米的浅沟,以便鳜鱼的集中捕捞。池中还应根据养殖生产实际配备增氧和抽水等机电设备。

(2)清塘消毒。冬季抽干池水,修补、加固池埂,清除杂草杂物和过多淤泥后,冻、晒池底整个冬季,以加速底泥中有机物氧化,减缓池塘老化。放养前 10 ～ 15 天用生石灰兑水消毒,用量为每 667 平方米 125 ～ 150 千克,以杀灭病原体、寄生虫卵等敌害生物。

(3)鳜鱼种放养。放养规格为 5 ～ 7 厘米,密度为每 667 平方米 900 ～ 1 000 尾,时间在 5 月下旬至 6 月中旬。鱼种放养前,须用 3% ～ 4% 的食盐水浸洗消毒 10 分钟左右,以杀灭体表细菌和寄生虫。

(4)饵料鱼投喂。鳜鱼是典型的凶猛肉食性鱼类,终身以活鱼、虾为饵。因此,养殖全程应投喂适口的鲜活饵料鱼。养殖初期投喂规格为 1.0 ～ 1.5 厘米的鳊、鲢、鳙、鲮等饵料鱼,每隔 4 ～ 5 天投喂 1 次。养殖中、后期投喂体长为鳜鱼体长 30%～50% 的草、鳊、鲫、鲢、鳙、鲮等饵料鱼,中期 2 ～ 3 天投喂 1 次、后期 7 ～ 10 天投喂 1 次,日投饵量为池中鳜鱼总重量的 5% ～ 10%。池中饵料鱼的数量多少可以通过观察鳜鱼捕食的情况进行判断,若发现鳜鱼在池水底层追捕饵料鱼,则说明池中饵料鱼的数量比较充足;若发现鳜鱼在池水上层追捕饵料鱼,则说明池中饵料鱼的数量不足,应适当补充;若发现鳜鱼成群在池边追捕饵料鱼,则说明池中饵料鱼的数量已所剩无几,应及时足量投放饵料鱼。饵料鱼在投喂前须经严格消毒杀虫处理。一般自培饵料鱼在准备过塘投喂前 2 天泼洒水产硫酸铜(主要成分为硫酸铜、螯合剂、碳酸氢铵),水温低于 25℃时用量为每 667 平方米每米水深 80 ～ 100 毫升,水温高于 25℃时用量为每 667 平方米每米水深 40 ～ 50 毫升;购买的饵料鱼用 3% 左右的食盐水浸浴 10 ～ 15 分钟后再行投喂。

(5)水质管理。每 5 ～ 7 天加水 20 厘米;每 10 ～ 15 天换水 30%,保持透明度在 35 ～ 40 厘米。经常开启增氧机,保持池水溶氧在 5 毫克/升以上,为鳜鱼创造合适的生长条件。当增氧设备因故障不能使用时,可采取全池抛洒粒粒氧(主要成分为过氧碳酸钠、缓释包膜、增效剂)应急,用量为每 667 平方米每米水深 200 克。每 15 天左右泼洒 1 次生石灰,用量为每 667 平方米每米水深 10 千克,调节 pH 值在 7.5 ～ 8.5。每 20 ～ 30 天泼洒 1 次水质解毒霸王(主要成分为黄腐酸铵、复合微生物、果酸钠、季铵酸、吸附剂等),用量为每 667 平方米每米水深 150 ～ 200 毫升,以分解残饵、粪便及动植物尸体等,改善水质,避免底质腐败。

(6)病害防治。坚持"无病先防、有病早治"的方针,严格控制鱼病的发生和蔓延。主要防病措施:一是在池中移植部分水花生、水葫芦,为鳜鱼栖息、生长营造良好的生态环境。二是坚持鳜鱼种放养前用食盐水溶液浸洗消毒。三是坚持饵料鱼投喂前用水产硫酸铜或食盐水溶液进行消毒。四是每月使用消毒杀虫制剂消毒杀虫 1 次。一旦发现鳜鱼生病应及时进行镜检,仔细分析诊断病因,对症选用药物及时治疗,并按照药品使用说明书科学计算下药量,以确保鳜鱼的用药安全和健康生长。

100 池塘春季饲养管理有哪些技术要点?

抓好春季鱼塘的饲养与管理,不仅能促进鱼类提早开食,恢复体质,延长生长期,提高产量,增强抗病能力和提高成活率,而且由于早春气温低,鱼苗活动较少,在捕捞、运输、投放过程中不易受伤,鱼苗成活率高,在具体操作上应注意抓好以下几点。

(1)放养技术。根据当地饵料和水质条件,确定主养品种,若水草丰富,宜主养草鱼、鳊鱼等;若肥源充足,可主养鲢鱼、鳙鱼、鲫鱼、罗非鱼等;螺、蚬多的地域,可主养青鱼、鲤鱼等。放养量视池塘条件和饲养管理水平而定,精养鱼塘一般每 667 平方米投放 1 500～2 000 尾,粗养鱼塘每 667 平方米放养 500～1 000 尾。为提高单位面积产量,应实行多品种、多规格鱼种合理混养。

俗话说"种好半塘鱼"。同龄的鱼种规格应力求整齐、发育良好、色泽光亮、体质健壮、游动活泼、逆水力强且体表鳞片完整无损,没有鱼病、寄生虫等。

春季病虫害开始增多,鱼种放养前要进行消毒,以切断病原体传染。鱼种下塘前,应先用 10 毫克/千克漂白粉或 8 毫克/千克硫酸铜浸洗 20 分钟左右,或两种药物并用。如在边远山区缺乏上述药物,可用 4% 的食盐水溶液浸洗鱼体 20～30 分钟,消毒效果也很好。

鱼种放养一般在 2—4 月为宜,应选择晴天气温高时进行,切忌雨雪、刮风天气放养。放养地点应选择在避风向阳处,将盛鱼种容器(盆、桶等)放入水中,使其慢慢倾斜,让鱼种自行游入池塘。

(2)水温控制。在适温范围内,鱼类会随着水温上升而增加摄食量,加快生长。因此,初春鱼池水位应控制在 0.6～0.8 米能使水温较快升高,以利于充分发挥肥效和促使鱼类提早开食。开春后,应勤注水。对保水力差的池塘,在加注新水时,每次不可大量注入,以防水温骤降。同时应适当施些有机肥,以利提高水温。遇连续阴雨天气时,要适当增加池水深度,以防池中水温变化幅度过大。

(3)水质调节。开春后,由于气温、水温逐渐回升,鱼类的生物饵料开始大量滋生。若发现水质老化和偏酸性,可注入 20 厘米深的新水,并每 667 平方米水面用 20～30 千克生石灰全池泼洒。水质清瘦时,适当施腐熟有机肥,以保持中等肥度水质,水质透明度以 30～40 厘米为宜。

(4)及时开食。①施肥。春季鱼种苗下塘前 7 天(清塘消毒 3 天后),每 667 平方米施 250～300 千克发酵腐熟的人粪尿,或每 667 平方米施尿素 2.5 千克、过磷酸钙 5 千克,培育浮游生物,使鱼种下塘后有充足的天然饵料摄食。②投喂。及时投喂营养全面的人工配合饲料,以增强鱼种体质,加速其生长。开食的具体做法:当鱼塘表层水温达 3℃时,须每天或隔天投饵 1 次,每次投饵量为夏秋季投饵量的 1/6 左右,或以 3～5 小时吃完为度。与此同时,可进行引食驯化。先用 3～5 天时间撒入少量细碎料于食台附近的池边进行诱食,以后逐步缩小撒料范围,直至定点投喂于食台上,这样可提高饵料利用率。

(5)提早防病。鱼类如长期处于饥饿状态,会造成生长停滞、疾病增多。因此,加强鱼类的前期饲养管理是增强鱼类抗病能力的有效途径。春季鱼池常发生的鱼病主要是水霉病,这是一种真菌性疾病,多因管理中操作不慎致使鱼体受伤引起。可用 400 毫克/升食盐和 400 毫克/升小苏打合剂,全池泼洒或浸洗鱼体进行防治。另外,车轮虫、斜管虫等寄生虫病也时有发生,可用 0.7 毫克/升硫酸铜硫酸亚铁合剂(5∶2),全池泼洒治疗。

(6)特别提示。当鱼塘表层水温上升到10℃左右时,鱼类开始少量摄食,也有时食量较大。若发现水底到池面出现小面积混浊,鱼类活动频繁,则说明鱼类处于饥饿状态。

 池塘夏季饲养管理有哪些技术要点?

夏季是鱼类生长的黄金季节,是形成全年鱼产量的重要时期,但也是鱼病滋生蔓延的时期。因此,抓好夏季养殖管理显得尤为重要。

(1)配合饲料的投喂技术。

选择优质适宜的饲料。夏季水温高,养殖动物新陈代谢旺盛,是其生长的关键时期。在选择饲料时,要根据养殖鱼类的食性、个体大小、营养需求,选用合适粒径的饲料,减少饲料损失。饲料投喂讲求动植物饵料搭配,动物性饵料有小杂鱼、虾、螺蛳、蚬、动物内脏、水生昆虫、蚕蛹等;植物性饵料有麦类、豆饼、黄豆、瓜果、蔬菜、水草等。

投饲方法。夏季(7—9月)是鱼类生长高峰期,投饲量一般占整个生长过程的65%,应重点保证这一时期的饲料供应。一般水温在15～20℃时日投饵量为鱼体重的1.5%～3.0%,水温20℃以上时为3%～5%,并通过经常性的鱼类生长情况抽检,每隔10～15天对投喂量进行一次调整,以鱼摄食八成饱为宜。鱼种放养后,当水温上升到10℃以上时,就要进行鱼的驯化。起初用少量饲料慢慢引诱鱼到摄食区摄食,逐步形成上浮集中摄食的习惯,并按"四定"原则投喂。以草鱼、鲤鱼、罗非鱼等吃食鱼类为主的池塘,一般1日投喂2次,即上午10时、下午3时各1次。高温季节可改为上午9时、下午4时投喂。饲草应投在池面架设的饲草筐内;颗粒配合饲料应用敲击水桶等驯食方法,在一定范围水面投喂;饼粕、麸皮等精料泡透后投在水下饵料台上,每次投喂量以2～4小时吃完为度。

(2)水质调控。

改良水质。清除池塘过多淤泥,保持淤泥厚10～15厘米。不定期地用新鲜呈块状的生石灰调节水质,其用量为每667平方米每米水深15～20千克,化浆后全池泼洒,一般20～30天1次。或者使用光合细菌制品改良水质,使用浓度首次为5毫升/米³,以后为3毫升/米³,每20天使用1次,全池泼洒。

开增氧机。在晴天下午2—3时开机调节水质,以促进水体对流,连续高温阴雨天半夜开机,傍晚不开机;天气闷热时开机时间可适当延长,天气凉爽时减少开机时间,半夜浮头则增加开机时间。

加注新水。一般每10～15天加水或换水1次,每次加注新水的量占池水总量的1/3,如池水严重恶化,应排出1/3再加注新水,加水时间应选择晴天下午

2—3 时进行,傍晚时禁止加水,以免造成上下水层提前对流,引起鱼类缺氧浮头。此外,平时应经常测量池水透明度,如发现透明度低于 20 厘米,应立即加注新水,以保持水质清新。在春末夏初季节,池水水面易出现一缕黄、一缕绿的云彩层,俗称"扫帚水",这种水质易引起鱼类浮头或发病。为此要及时加水换水,在加水前先放出原池 1/3～2/3 的老水,然后再注入新水以改善水质。

搅拌塘底。这对于受条件限制不能适时加水、池底沉积有机质较多和没有清塘的鱼池尤为重要。操作方法:人下池用长柄耙子或直接用脚搅动。1～2 周搅动 1 次,要在天气晴朗和有风时进行,以免造成泛池。

种植植物。可在水体中移植一些水生高等植物,如芜萍、紫背浮萍等。用竹竿或木杆拦截一块水面,面积约占总水面的 1/3,再将野生芜萍等水生植物移植其中,放种量如芜萍、紫背浮萍为每 667 平方米 15～20 千克、凤眼莲为每 667 平方米 100～200 千克。

(3)特别提示。夏季是鱼类快速生长的季节,管理要注意满足鱼类的营养需求,常规鱼类要投喂全价配合饲料,虾类要投喂细颗粒饲料,河蟹要荤素饲料合理搭配,鳜、鳖、乌鳢、黄鳝等名优鱼类要以投喂小杂鱼虾、螺蛳、畜禽内脏、蚯蚓等动物性饲料为主。

 池塘养殖怎样进行越冬管理?

(1)越冬池选择。养殖鱼类越冬应用专门的越冬池,形状最好为长方形,东西走向,背风向阳,不渗水,面积不应太小,注满水至 2.5 米以上,地底平坦,污泥少,水质肥沃。准备越冬的池塘应在秋季进行清塘晾晒,清除杂草、杂物、淤泥,保留 10 厘米左右底泥,整修堤坝,每 667 平方米用 50～100 千克的生石灰或 4～5 千克的漂白粉进行干法清塘,之后 5～7 天试水放鱼。

(2)越冬池水的选择和处理。越冬池的水以深井水最好,其水质清洁,有机质少,且营养盐含量高,也可用河水、水库水。一次性加水深 2.5 米以上,加水后应用漂白粉等杀菌剂对水体进行消毒。3～5 天后每 667 平方米再用生石灰 15～20 千克调节水质。水培肥后放入越冬鱼类,在封冰前如发现水中浮游动物及水生昆虫比较多,可施 1～2 毫克 / 千克晶体敌百虫灭虫。

(3)越冬鱼类的放养。不同规格的鱼应分池放养。越冬鱼类的放养密度,应根据越冬的方式、池塘条件、鱼的种类以及管理措施等具体情况而定。鱼种塘,1 龄鱼种每 667 平方米放 500 千克,2 龄鱼种每 667 平方米放 250 千克。亲鱼塘每 667 平方米放 150 千克左右。鱼种或亲鱼入池时,水温要求在 10℃ 左右。放养前,选无大风的晴天放养,最好拉网锻炼,增强体质。鱼捕上后立即用 5% 食盐水或 10 毫克 / 千克漂白粉浸洗消毒,防止翌年生病。

(4)越冬期间的管理。

定期对越冬池的溶氧进行测定。当溶氧明显下降时,应查明溶氧下降原因,针对不同的情况及时采取措施。如补水或使用循环水,应用增氧机增氧或氧化钙进行快速增氧。

施肥补充营养盐类。对于水质逐渐变瘦的越冬池,浮游植物含量较少,可将过磷酸钙装入布袋,挂在冰下水中,用量为每 667 平方米 4 千克。水下尽量不施或少施氮肥,因为高密度池塘鱼类自身排氮量已使池中氮量足够或过高。

水中浮游动物的控制。越冬池中常出现大量的浮游动物,会大量消耗水中的溶氧,同时还会大量摄食浮游植物,使浮游生物量减少,光合作用产氧减少。如果发生大量桡足类可用 0.1 毫克 / 千克晶体敌百虫全池泼洒,如发现大量的轮虫用 0.2 毫克 / 千克晶体敌百虫全池泼洒。

补水。当越冬池水位下降过多时,应适当补水,使池水保持一定的深度。补水时应防止水温变化过大,使池中鱼类冻伤,发生水霉病等疾病。

(5)特别提示。秋末冬初,水温降至 10℃以下,鱼的摄食量大大减少。这时可将鱼种捕捞出塘,按种类、规格分别集中蓄养在池水较深的池塘内越冬。并塘前停食 3～5 天,操作细致谨慎,并塘时间应选在水温 5～10℃的晴天进行。

103 池塘优良水质有什么标准?

优良水质标准可概括为肥、活、嫩、爽四个字。

(1)肥。水体有一定的营养,可供浮游微藻生长繁殖,形成一定浓度的水色,而不是清澈见底。

(2)活。水体溶氧充足,物质代谢顺畅,浮游藻类正常生长,浮游动物适量繁殖。感官上可察觉到水体无异味发出,用玻璃杯打水,可看到活动的浮游动物。

(3)嫩。即鲜嫩,相对于老化而言,指浮游微藻类处于旺盛的生长期,肉眼观察到水色鲜亮,而不是暗淡。

(4)爽。水体有一定的透明度,而不是混浊、水色过浓或不均匀。

104 水的透明度有什么变化特点?

水体透明度由水中浮游生物、有机碎屑、泥沙和其他悬浮微细颗粒的含量所决定。

从季节上讲,一般而言,夏、秋季浮游生物繁殖快,透明度低;冬、春季浮游生物受抑制甚至死亡,透明度高。

从天气上讲,刮风、下雨时有波浪,水中泥沙泛起,透明度低;无风、晴朗天气,透明度高。

从时间上讲,早晨水体中浮游生物在池塘基本均匀分布,透明度大;下午由于浮游生物具有趋光性(特别是一些鱼类易消化的鞭毛有机体)而趋向水体上层,透明度变小。

 怎样调节养殖水体的 pH 值?

淡水养殖一般要求 pH 值为 6.5 ～ 8.5,最适范围为 7.0 ～ 8.5。

(1)pH 值过低。pH 值低于 6.5 时,鱼类血液的 pH 值下降,导致鱼体组织缺氧,表现缺氧症状,出现浮头现象。低于 4.4 时,鱼类死亡率可达 7%～ 20%,4 以下,鱼类几乎全部死亡。pH 值过低时,水体中硫离子转变为毒性很强的硫化氢。

(2)pH 值过高。pH 值过高会腐蚀鱼的鳃部组织,使鱼大批死亡。碱性水会使孵化中的鱼卵卵膜早溶,引起胚胎过早出膜而大批死亡。pH 值高于 8,水中大量的铵离子会转化为有毒的氨气。碱性环境下会使小三毛金藻大量繁殖,其产生的毒素可使鱼类中毒死亡。此外,强碱性的水体还影响微生物的活性。

(3)pH 值调节技术。要经常测定水体 pH 值,发现异常,及早应对。

pH 值过低时:一是定期泼洒生石灰水,每次每 667 平方米水面用量 10 ～ 20 千克;二是用氢氧化钠调节,施用时要注意少量多次,将氢氧化钠调配成 1% 原液,再用 1 000 倍水稀释,然后一边加水一边泼洒,以避免引起局部碱中毒;三是施用有机质含量较高的生物肥。

pH 值过高时:一是加注新水,以降低水体的 pH 值;二是使用水改剂,如稳定性二氧化氯等。

 如何控制水体中的溶氧?

溶氧是鱼类赖以生存的物质基础,养殖水体中的溶氧一般在 5 ～ 8 毫克 / 升。鱼缺氧时会烦躁不安,呼吸加快,大多集中在表层水中活动;缺氧严重时,鱼类大量浮头,游泳无力,甚至窒息而死。当溶氧饱和度为 150% 以上,溶氧量为 14.4 毫克 / 升以上时,易引起鱼类鱼种产生气泡病。溶氧日常管理:一是放养密度要合理,避免追求高密度而引起的长期缺氧;二是采用水质改良剂,增加水体溶氧;三是水体溶氧过饱和时,可采用泼撒粗盐、换水等方式逸散过饱和的氧气;四是合理使用增氧机;五是合理投饲,减少残剩饲料等有机物质的耗氧量;六是适时施肥,促进浮游植物的生长,增加溶氧水平。

 如何控制水体中的氨氮?

水中的氨氮以分子氨和铵离子形式存在,分子氨对鱼类有很大毒性,而铵离子不仅无毒,还是水生植物的营养源之一。渔业养殖水体的分子氨浓度应控制在 0.02 毫克 / 升以内,主要措施:一是根据天气状况,开增氧机 1 ～ 2 小时,以便池水上下交流,将上层溶氧充足的水输入底层,降低分子氨的浓度;二是利用底漏管排出底层 20～30 厘米水,同时注入新水;三是使用微生态制剂、增氧剂,使用氧化剂,如稳定性二氧化氯等;四是泼撒沸石或活性炭,一般每 667 平方米使用沸石 15～20 千克或活性炭 2～3 千克,可吸附部分分子氨;五是可种植水生植物吸附分子氨等有毒物质。

 108 如何控制水体中的亚硝酸态氮?

亚硝酸态氮对鱼类有毒害作用。一般情况下,亚硝酸盐含量(以氮计)低于 0.1 毫克/升时,不会造成损害;高于 0.5 毫克/升时,鱼类摄食降低,呼吸困难,游泳无力;当超过 2.5 毫克/升时,鱼体出现中毒症状,严重时导致死亡。要合理控制水体中亚硝酸态氮:一是开增氧机增氧,使硝化作用完全,减少亚硝酸盐数量;二是制订合理放养密度和投饲计划,减少饲料残渣的剩余和过多排泄物;三是适当排放部分老水,加注新水;四是使用水体改良剂。

 109 如何保持池塘水体中的氮、磷平衡?

在池塘养殖过程中,往往出现有效氮高,而有效磷低,两者比例常易失调,致使有效氮无法充分利用。因此,采取人为施用磷肥的方法,可调节有效氮与有效磷之间的比例。若池水中两者含量均很低,应同时施用无机氮肥和磷肥,使其比例趋于正常,以维持池塘水体中的氮、磷平衡。

 110 有益微生物有哪些? 对养殖用水有什么调节作用?

有益微生物有芽孢杆菌制剂、光合细菌制剂和乳酸菌制剂三大类,目前生产中主要应用的有芽孢杆菌、碱杆菌属、假单孢菌、黄杆菌、硝化细菌、EM 菌、酵母菌、放线菌等。这些有益微生物调节剂,可以明显改善池塘水质,增加水体溶氧,去除水中碳、氮、磷系化合物,转化硫、铁、汞、砷等有害物质,降低氨氮与亚硝酸氮,抑制有害微生物的繁殖,降解有机物质,对池塘养殖环境具有较好的生态修复功能。

 111 在生态健康养殖池塘内能不能施肥? 应该施用什么肥?

生态健康养殖池塘可以施肥,但施用肥类应该选择绿色、健康、环保、无污染的生物有机肥,目前市面在售的生物有机肥主要有氨基酸肥水膏以及各类益生菌按配比组成的生物菌肥。这种肥料营养均衡齐全,且肥效较快。

112 水中的二氧化碳对鱼类生长有什么影响? 怎样控制?

二氧化碳对鱼类和水环境有较大影响。它是水生植物光合作用的原料,缺少会限制植物生长、繁殖;高浓度二氧化碳对鱼类有麻痹和毒害作用,可使鱼体血液

pH 值降低,减弱对氧的亲和力。当游离二氧化碳达到 80 毫克 / 升时,"四大家鱼"幼鱼表现呼吸困难;超过 100 毫克 / 升时,发生昏迷或侧卧现象;超过 200 毫克 / 升时,引起死亡。在一般池塘中这种现象少见,但北方冬季鱼类越冬期长,往往鱼太多,二氧化碳积累可达到相当浓度而使鱼无法生存。二氧化碳来源于水生动植物、微生物的呼吸作用和有机质分解。大气中游离二氧化碳含量少,溶入水中也不多。二氧化碳的消耗主要是水生生物吸收利用。

控制办法:培育水生植物和藻类,利用光合作用吸收利用水体中二氧化碳。勤开增氧机,通过物理方法增加溶氧,减少二氧化碳。向水体施用碱性物质,如生石灰,通过酸碱中和减少水体二氧化碳含量。

113 池塘水色变红怎么调?

池塘水色变红主要是由硅甲藻或金藻成为优势种群而引起的,通常情况下无大碍,但一旦天气突变,造成藻类大量死亡,便会产生毒素而致水体恶化,甚至直接导致鱼中毒死亡。因此,池水一旦变红,必须及时改良。在天气晴好时,先用碘制剂泼洒消毒,第二天再用水产 EM 菌液全池泼洒一遍,3 天后再视情况追肥 1 次。

114 池塘水色变黑怎么调?

当池水呈黑色时,表明池中较多有机质未得到及时转化,如残饵、动物残体、排泄物、池底腐殖物等,这些物质腐败后,消耗大量溶氧,极易产生硫化氢、氨氮、亚硝酸盐等有害物质,危害水生动物健康,使其免疫力下降,导致病原微生物侵染,甚至发生鱼泛塘现象。一旦发现此种黑水时,第 1 ~ 2 天分别施用 1 次双氧氯等含氯药物,氧化过多有机物,待 3 天后,用水产 EM 菌液全池泼洒 1 次。

115 如何对池塘水体消毒?

在鱼种放养之前一般要对池塘水体消毒,特别是水灾后的池塘,因流入大量泥浆、地表有毒物质以及外来水源等,水体浑浊,透明度低,病原菌复杂繁多。为防止鱼病暴发与传播,应对养殖水体进行及时的消毒处理。水体消毒剂一般有生石灰(每立方米水体 20 ~ 30 克)、二氧化氯(每立方米水体 0.2 ~ 0.3 克)、强氯精(每立方米水体 0.3 ~ 0.4 克)、溴氯海因(每立方米水体 0.03 ~ 0.04 克,以溴氯海因计)、聚维酮碘(每立方米水体 1 ~ 2 克,含有效碘 1%)等,任选一种全池泼洒,可以有效杀灭病原菌。

116 测水养鱼一般测哪些水体指标? 有哪些好处?

在池塘养鱼过程中,经常要对池塘水体进行检测,一般主要检测水体的生物量、

pH值、溶氧、总氮、总磷、亚硝酸盐、硫化氢、余氯、总硬度、总碱度、铁、铜、铬等指标。加强对养殖水体中这些指标的监测,便于我们在养殖过程中随时掌握水体状况,针对性地采取措施防止鱼病发生和蔓延,及时调节水质,确保养殖水体水质"肥、活、嫩、爽"。

117 怎么防治鱼类细菌性疾病?

池塘中各种细菌病原在环境恶化时易滋生繁殖,容易发生鱼病,主要易暴发及流行的疾病是细菌性出血病、烂鳃病、肠炎病等,可定期用生石灰、二氧化氯、二溴海因等国标渔用药物泼洒消毒;用微生态制剂改良水质;在饲料中可适当添加免疫增强剂、微生态制剂、维生素C、大蒜素、EM菌、三黄粉、免疫多糖等,以改善鱼类消化能力,增强其抗应激能力与抗病能力。

118 怎么防治鱼类病毒性疾病?

鱼类病毒性疾病潜伏期长短不一、临床症状复杂多变、传染性强、传播速度快、死亡率高,严重危害水产养殖业。目前鱼类病毒性疾病的治疗还存在相当大的难度,主要以预防为主。依靠科学管理,从源头管理抓起,保证水源和饲料不带病原,禁止引进感染疫病的苗种和卵,切断病毒传播途径,重视渔场日常消毒工作和病鱼无害化处理,增强疫病的防控意识。

119 怎么防治鱼类寄生虫类疾病?

寄生虫的种类不同,适宜生存的水体环境不同,治疗方法也不同。在水质恶化的肥水池中原生动物较多,如车轮虫;在清瘦的水池中甲壳动物较多,如中华鳋、锚头鳋等。杀灭原生动物的寄生虫时(如车轮虫、鳃隐鞭虫等),用硫酸铜硫酸亚铁合剂(5∶2)0.7克/米³全池泼洒;杀灭甲壳动物(如中华鳋、鱼鲺等)时,一般选用90%晶体敌百虫0.2～0.5毫克/升。

120 怎么防治草鱼出血病?

感染草鱼出血病病毒后,鱼体表一般暗黑而微带红色,皮下和肌肉有出血,口腔、下腭、头顶或眼眶周围充血,甚至眼球突出、鳃盖、鳍条基部充血。防治方法:每10天使用聚维酮碘消毒剂或者季铵盐络合碘消毒剂全池泼洒1次,浓度为每立方米水体0.3～0.5毫升。内服大黄、板蓝根、鱼腥草等天然抗病毒中草药(按1克/千克鱼体重取药,沸水浸泡20～30分钟,冷却后拌饲料投喂,连续5～6天即可)。使用草鱼出血病细胞灭活疫苗是预防草鱼出血病最为有效的方法,采取高渗浸泡法:适用于10厘米以下的鱼种,先将鱼在2%食盐水中浸泡2～3分钟,然后转入

5%～10%疫苗液,浸泡 5～10 分钟即可。浸泡液重复使用时需要添加适量疫苗液以保持疫苗浓度。

主要淡水鱼暴发性出血病怎么防治?

该病由嗜水气单胞菌感染引起,主要感染鲫、鳊、鲢、鳙、鲤等,病鱼主要表现为口腔、腹部、鳃盖、眼眶、鳍及鱼体两侧呈充血症状。鳃丝灰白显示贫血,严重时鳃丝末端腐烂。剖开腹腔,腔内积有黄色或红色腹水,肝、脾、肾肿大,肠壁充血、充气且无食物。防治方法:生石灰化水全池泼洒(每立方米水体 20～30 克)或者二氧化氯(每立方米水体 0.2～0.3 克)、强氯精(每立方米水体 0.3～0.4 克)等消毒 1 次即可。内服恩诺沙星或者氟苯尼考效果显著,其剂量与用法为恩诺沙星每千克鱼 0.05～0.10 克或者氟苯尼考每千克鱼 0.02～0.05 克,连续服用 3 天。此外,该病对拉网操作非常敏感,在拉网前 1～2 天,全池泼洒 1 次硫酸铜(每立方米水体 0.5 克)或者拉网操作后全池泼洒漂白粉(每立方米水体 1 克)可以有效防止该病的发生。

水产养殖禁用药物有哪些?

根据 NY 5071—2002《无公害食品 渔用药物使用准则》规定,我国不允许在水产养殖业中使用的禁用渔药共 34 种。

第一类(6 种)即六六六、滴滴涕、毒杀芬、杀虫脒、呋喃丹和五氯酚钠。前 4 种是农业部明令禁止使用的农药,在农业上已不再使用了,相应的生产单位也已取消了生产许可证,目前很难从市场上买到。后 2 种中,五氯酚钠以前在粗养模式下主要用于清塘、除螺,兼具除草作用,目前养殖多是精养池塘,池塘内几乎没有水草,生态方法除螺还能增加养殖效益,另外清塘也有更好的药物。此外,这两种药物的使用都有一个特殊要求,就是须戴防护面具、手套,因为它对人体皮肤、眼睛和呼吸道有刺激作用,毒性较大,水产养殖上替代品多。

第二类(5 种)即地虫硫磷、林丹、双甲脒、锥虫胂胺、酒石酸锑钾。这 5 种药物是由于自身特点而被禁止使用的,即毒性大,对环境、对人体副作用大。有些在国外已禁止使用,如林丹、双甲脒、锥虫胂胺、酒石酸锑钾;有些有特定的使用限制,如地虫硫磷,只能用于地下害虫的杀灭。禁用主要是因为此类药物通过水体会扩散,并不是水产上特定需要使用的药物,因此使用并不普遍。

第三类(4 种)即甘汞、醋酸汞、硝酸亚汞和氟氯氰菊酯。前 3 种是汞盐,在鱼体、人体、环境中易于富集,农业部已明令禁止使用一切汞盐类物质作为农药。这 3 种药物只用于特定鱼病治疗,且多数情况下为鱼体涂抹、浸泡,由于对鱼的毒性较大,一般不会全池泼洒,所以其影响略小一些。氟氯氰菊酯是一种杀虫剂,但没有不可替代性。这些药物有可能使用,但影响范围有限。

第四类(2 种)即甲睾酮和己烯雌酚。这是两种激素类药物,在一些特种养殖品种或有特殊的遗传育种需求时添加到饲料中使用,如用于罗非鱼全雄化苗种培育等。因此,对这两种药物的防控重点应放在那些特种养殖品种的养殖场、繁殖场或饲料厂。

第五类(5 种)即杆菌肽锌、泰乐菌素、阿伏帕星、速达肥和喹乙醇。这 5 种药物主要是禽畜用兽药,兼具抗菌和促生长作用,喹乙醇即使在家禽饲料中也已禁止使用。这几种药物有可能被长期添加于饲料中使用,重点防控饲料厂违规添加。

第六类(11 种)即磺胺脒、磺胺噻唑、硝基呋喃类(呋喃西林、呋喃唑酮、呋喃妥因、呋喃它酮)、氯霉素、环丙沙星、呋喃那斯、红霉素。这些抗生素在水产养殖上多用于口服,且多为针对常见病的防治,某些饲料厂由于存在防病误区,误将“预防为主”理解为“定期服药”,添加一些药物以预防鱼病的发生,其使用的可能性极大。这些药物对于普通养殖鱼类如果全池泼洒,在经济上并不划算,多用于特种、小水体养殖时,尤其是工厂化养殖时,或鱼种、亲鱼的浸洗消毒,在北方地区主要是春季鱼种分塘期使用,以及主要养殖鱼类的繁殖季节使用,用于亲体、鱼卵消毒或体表性疾病的治疗。所以,要重点对其进行监控,养殖期间重点在养殖场、繁殖育苗场,养殖后期对饲料厂、特种养殖场进行检查。

第七类(1 种)即孔雀石绿,又称碱性绿,主要用于防治水霉病。水霉病多在鱼体受伤、春季分塘拉网较多,鱼体受伤后易患此病,其应用也多是鱼体浸泡、涂抹,虽然理论上可以全池泼洒,但因此药有“三致”作用,人们多少有点忌惮;再就是全池泼洒对改良水质无益,消解困难,生产中一般不会全池泼洒,但因这种药物或化学染料价格低廉,对水霉病的治疗效果好,在运输途中使用鱼鳞不易脱落,能够预防鱼体脱鳞后继发感染细菌性疾病,且用药后的鱼体色彩较好,为青绿色,所以不法商贩多违规使用。

而在 2015 年又陆续公布最新禁用渔药。首先是农业部 2015 年第 2292 号公告,2015 年 9 月 1 日起禁止养殖使用氧氟沙星、培氟沙星、洛美沙星、诺氟沙星;12月 31 日起禁止生产,2016 年 12 月 31 日起禁止经营流通。其次,农业部 2015 年第2294 号公告,2015 年 10 月 1 日起禁止使用微生态制剂:噬菌蛭弧菌,此菌并非渔药,原批复可以使用的是农牧函〔1994〕37 号。在水产品药物残留超标事件上,因为目前的检测项目和目标药物的明确性问题,主要集中在“禁用药物”的检测方面,其中发生质量安全事件频率较高的化学物质有孔雀石绿、硝基呋喃类(呋喃西林、呋喃它酮、呋喃妥因、呋喃唑酮)、氯霉素、喹乙醇、有机磷类农药等,此外,还有少量的限用渔药的残留超标。

常用渔药配制使用应注意哪些问题？

生石灰：现配现用，晴天用药效果更佳。不宜与漂白粉、重金属盐、有机络合物等混用。

漂白粉：不能与酸类、福尔马林、生石灰等混用。

高锰酸钾：长时间使用本品易使鳃组织损伤，药效受有机物含量、水温等影响。不宜与氨制剂、碘、酒精、鞣酸等混用。

二氯异氰尿酸钠、三氯异氰尿酸：现配现用，宜在晴天傍晚施药，避免使用金属容器具。保存于干燥通风处。不与酸、铵盐、硫黄、生石灰等配伍混用。

二氧化氯：现配现用，药效受风、光照等影响。不得用金属容器盛装，不宜与其他消毒剂混用。

季铵盐：不可与其他阳离子表面活性剂、碘制剂、高锰酸钾、生物碱及盐类消毒药合用。

碘制剂：密闭避光保存于阴凉干燥处，杀菌效果受水体有机物含量的影响。不宜与碱类、重金属盐类、硫代硫酸钠、季铵盐等混用。

恩诺沙星：钙离子、铝离子等重金属离子共用会降低药效。

罗红霉素：不宜与麦角胺或二麦角胺配伍。

氧氟沙星：不宜与四环素、氨基糖甙类药物配伍合用，合用时应酌情减少用药。抗酸药物可影响本品吸收代谢。

沙拉沙星：毒副作用低，与其他药物无交叉耐药性，对已对抗生素、磺胺类、呋喃类药物产生耐药的菌株仍非常敏感。

硫酸铜：药效与温度成正比，与有机物含量、溶氧、盐度、pH 值成反比；不宜经常使用，与氨、碱性溶液生成沉淀。

敌百虫：配制、泼洒不用金属容器；除可以与面碱合用外，不与其他碱性药物合用，中毒须用阿托品、碘解磷定、654-2 等解毒。

甲苯达唑：使用时用冰醋酸溶解及乳化效果更佳；药浴须维持 36 ～ 48 小时；高温时，为防止中毒不可高剂量使用。对甲苯达唑敏感的鱼类不宜使用。

阿苯达唑：避光、密闭保存。如投药量达不到有效给药剂量，只能驱除部分鱼体中的虫体。

溴氰菊酯：不可与碱性药物混用，参照说明书使用。

硫酸锌：药效与温度成正比，与有机物含量、溶氧、盐度、pH 值成反比；不宜经常使用，与氨、碱性溶液生成沉淀。

硫酸阿托品：中度以上中毒应配合使用胆碱酯酶复合剂。维生素 C 可降低其效果。

山区渔业养殖有些什么特点？主要有哪些模式？

山区渔业养殖特点如下：

（1）水资源丰富，水质好，溶氧量高，部分地区水温较低，具有其他地区所不具备的环境优势。

（2）养殖分散不集约，产业化水平低。

（3）山区特有的稀特土著鱼类。

（4）地理环境好，周边自然环境优美。

山区渔业养殖模式如下：

（1）以河流、山涧溪流为依托，利用水体空间设置流水、微流水或池塘等进行养殖。

（2）以山区优美地理环境为依托，发展以养鱼为主，鱼—畜—禽、猪—沼气—鱼—果等渔农林牧副相结合的渔业养殖模式，以观赏、垂钓、餐饮为主的休闲渔业养殖模式。

（3）利用稻田、藕塘空间发展稻—鱼、稻—虾、藕—鱼等生态养殖模式。

（4）利用山区冷水源进行工厂化特种冷水鱼养殖，如鲟鱼、大鲵等。

什么是山区流水养鱼模式？

利用水库、湖泊、河道、山溪等作为水源，利用水位差、引流或截流设施及水泵，使水不断地流经鱼池，或将排出水净化后再注入鱼池。借助水流输入溶解氧和带走池中有机废物，使池水保持良好水质，为高密度精养提供条件。

流水养鱼的基本类型有哪些？有什么优势？

（1）开放式水源，特点是水源流经鱼池，不再回收，故耗水量大，适宜水源充沛地区，由于在一定条件下流量和产量呈正相关，故建池时要充分利用地势差将活水注入鱼池，使鱼池获得较大的流量，水质保持清新良好状态。优势是投资小、建池简易、管理方便、产量大。

（2）开放式温流水养鱼，特点是利用高于气温的自然水源的温排水和天然常温水同时注入水池，通过控制二者流量来保持池水适温。优势是可通过调节水温，提高养殖密度，加速鱼类生长发育，低温地区和季节则可缩短养殖周期和提前繁育以获得大规格鱼种。

（3）循环封闭式，特点是利用池中排出污水经净化处理后再次注入鱼池，并可使用加热的方法保持池水恒温。优势是耗水量较少，污水零排放较为环保，适宜于城市周边、缺少水源地区。

什么是小窝流水养殖模式？其特点是什么？

山区群众利用山溪泉水长流不息的自然条件，在溪边口地上开挖几平方米到几十平方米的小坑窝，引山泉水进行长流水养鱼。特点是投资少、易管理，养成鱼个体大，肉质紧实，无土腥味。

 鲟鱼养殖有哪些关键技术要点？

（1）适宜的饲料。开口饵料以人工收集或饲养的卤虫无节幼体、轮虫、小型枝角类为宜，开口2天后改投喂剁碎的水蚯蚓和鱼虾，鱼苗长到8～10厘米后可改喂人工配合饲料，可采取逐渐增加配合饲料投喂次数，相应减少活饵投喂次数的方法驯食。配合饲料以沉性饲料为宜。

（2）适宜的养殖环境。鲟鱼对水质要求较高，水质要求清新无污染，溶氧应不低于5毫克/升，水温应保持在18～25℃为宜。

（3）鲟鱼发病较少，主要是由水质恶化引起，常见的疾病有细菌性肠炎、霉菌病等。用药杀菌时，应先用少量鱼做剂量实验，以免药物过量导致不必要的损失。

（4）成鱼池塘养殖应注意适当混养白鲢，避免水体富营养化。

 长吻鮠养殖有哪些关键技术要点？

（1）池塘条件。池塘面积一般以1500～7000平方米为宜，水深1.5～2.0米，进排水方便，池底淤泥不超过10厘米为宜，水质清新，溶氧较高，弱碱性水较好。

（2）饲料投喂。饲料选择配合饲料和杂鱼虾等动物性饵料，由于长吻鮠喜夜间活动，晚上投喂量占日投喂量的70%。

（3）适宜密度。选用人工驯化培育的体质健壮、规格齐整的鱼种，每667平方米放70～100克鱼种800～1200尾，搭配适量花鲢、白鲢，在3月晴朗天气放养。

（4）日常管理。坚持早中晚巡塘，清除残饲、污物，观察鱼有无浮头现象。根据天气、水色、鱼吃食情况安排投料、改水事宜。注意长吻鮠对硫酸铜敏感，但可少量多次施用，有利于防止车轮虫。

 齐口裂腹鱼需要什么养殖条件？有哪些关键技术？

养殖条件：养殖在池塘、流水池、网箱以及人工可控的河流进行，但要求水质清新、溶氧丰富且具有一定微流水，池塘设计应有一定坡度，方便排污。养殖水温为10～25℃，15～22℃最佳，pH值适宜范围为6.5～8.0。

养殖关键技术如下：

（1）鱼种应选择资质健全机构人工培育的健康鱼苗，放养前应对池塘和鱼种进行消毒,放养时应选择晴朗无风天气。

（2）水质管理应保持溶氧在4毫克/升以上,透明度40厘米以上,pH值中性偏弱碱最佳,池水交换1～2次/小时以上为好。

（3）饲喂以人工饲料及蚯蚓、黄粉虫、蝇蛆等为主,少量多次,定时定点定量投喂。饲养过程中应注意管理,避免发病。

（4）日常管理主要是注意增氧及调水。另齐口裂腹鱼性野,偷跑能力强,应在出水口注意搭建防逃网防范。

131 白甲鱼的养殖分布范围如何？需要哪些养殖条件?

养殖分布:主要分布在长江中、上游干支流和珠江、元江水系。

养殖条件:白甲鱼喜流水,故应在流水池塘、网箱及人工可控的河流中进行养殖,食性以水底岩石上着生藻类为主,兼食少量摇蚊幼虫、寡毛类等植物碎片,通过驯食可以用配合饲料饲喂,配合饲料蛋白质含量应为34%～36%,投喂时应在投喂台附近用竹筛搭建食台供其摄食。养殖适宜水温在18～28℃,水温不宜低于8℃,不宜高于30℃。溶氧应保持在3毫克/升以上,pH值为中性偏碱,水体透明度保持在30～45厘米。注意防治车轮虫、锚头蚤等寄生虫。

132 白甲鱼有哪些养殖方法?

白甲鱼常见的养殖方法有山区流水养殖、池塘养殖、工厂化养殖、水库人放天养等。

133 虹鳟鱼有哪些养殖技术要点？需要注意哪些事项?

（1）水温。虹鳟鱼为冷水鱼类,人工饲养条件下,生长水温控制在7～22℃,孵化水温控制在8～11℃,苗种培育适宜水温9～15℃,成鱼饲养适合水温14～18℃。在适宜的水温下,摄食旺盛,生长迅速,机体能保持良好的新陈代谢状态。

（2）溶氧。虹鳟鱼喜欢栖息在溶氧充足的地方,个体耗氧量较高,故充足的溶氧对虹鳟来讲十分重要,养殖水体溶氧要求在6毫克/升以上,最好达到9毫克/升,低于5毫克/升鱼会感觉不适,低于3毫克/升鱼会大批死亡,此为虹鳟鱼的生长致死点。

（3）水流。除大水面和网箱养殖外,均采用流水养殖,适宜流速为每分钟12～18米。水流刺激引起虹鳟鱼正常运动,从而加速鱼体内的物质代谢,增加食欲。更重要的是水流有利于将水体内废物冲走,送入富含氧的清新水体,有利于满足虹鳟对溶氧的需要。另水流对亲鱼有刺激性腺发育的作用。

（4）pH值和盐度。在人工养殖环境下,以pH值6.5～6.8的中性略偏酸性水为佳，盐度适应性较好，正常情况下稚鱼可适应 0.5%～0.8% 的浓度，当年鱼可适应 1.2%～1.4% 的浓度，1 龄鱼可适应 2.0%～2.5% 的浓度，成鱼可适应 3% 的浓度。

（5）日常管理。注意巡塘防逃和溶氧调节。

134 多鳞铲颌鱼的养殖分布范围如何？需要哪些养殖条件？

广泛分布于中国山西、山东、河南、四川和湖北，嘉陵江水系和汉水水系中上游，淮河上游，渭河水系，伊河，洛河，海河上游等。

养殖条件：主养放养密度为每 667 平方米 1 000～1 500 尾，投喂蛋白质为 29%～31% 的人工配合饲料，喂食保持"四定"原则，水质清新，溶氧较高，水温在 15～25℃。

135 多鳞铲颌鱼有哪些养殖方法？需要注意哪些事项？

分为池塘养殖、网箱养殖和湖泊水库养殖。池塘养殖以多鳞铲颌鱼为主养时每 667 平方米放养量 1 100～1 600 尾，每 667 平方米产量 500～600 千克，饲喂蛋白质为 29%～31% 的配合饲料，混养情况下不需要投喂饲料；集约化网箱养殖主要是和其他鱼类混养，放养密度为 18～25 尾/米^2，能清理网箱附着物；湖泊水库养殖主要是混养，放养量为每 667 平方米 250～300 尾。养殖过程中应当注意野杂鱼、肉食性鱼的防护，水质应当保证清新，溶氧充足等。

136 养殖大鲵需要哪些条件？有哪些养殖技术关键点？

（1）养殖水温控制在 16～25℃，最适范围在 18～23℃。养殖水质应清新、鲜活、无污染、溶氧量高，pH 值呈中性。由于大鲵背光运动，即畏光，养殖环境应该安静，环境相对独立、阴凉。

（2）建池应建大量小池，以避免大鲵以大欺小，自相残杀，每个养殖池应当有独立的进出水系统和排污口，保持水质清洁。

（3）苗种应当购买 100 克以上的大鲵苗种，以提高成活率，投放时应当按规格大小分开饲养，保证摄食强度和能力基本相同，生长速度基本一致，避免出现自相残杀情况。入池前进行消毒，防止水霉病和细菌性疾病。

（4）大鲵食性广泛，以肉食性饵料为主，鲜活及冰冻动物（含脂不宜过量）亦可，也可投喂部分人工配合饲料，饵料一定要新鲜，避免染病。在适宜条件下，一般 2～3 天投饵 1 次，由于大鲵昼伏夜出，投喂时间应当设置在晚上 6—10 时。投饲量根据大鲵需求量适量投喂。

（5）日常管理除巡查外，还要注意防病、防逃、防暑。

137 棘胸蛙养殖前景如何？有哪些养殖技术关键点？

棘胸蛙体大肉多而细,含有蛋白质、葡萄糖、氨基酸、铁、磷和维生素等多种营养成分,脂肪含量低,且还有一定药用价值,营养价值高。因近年来人类大肆捕杀和环境破坏,野生棘胸蛙日益趋少,市场价格高,加之棘胸蛙养殖条件不高,资金投入不大,养殖潜力巨大。

养殖技术关键点如下:

(1)养殖场地应当水量充足、取水方便、水质优良无污染且环境幽静,夏季最高温度低于30℃。

(2)注意建造防逃和遮阳设施,要求养殖池或养殖棚通风、凉爽。配置保持流水状态的进排水系统。

(3)饲料包括动物性饲料和植物性饲料及人工配合饲料。动物性饲料有黄粉虫、蝇蛆、蚯蚓等,植物性饲料有蔬菜、玉米粉、水草等。

(4)饲养管理应保证每天傍晚定时定点投喂,投喂量为体重的3%～5%,以采食后略有剩余为宜,各种动植物饲料交替投喂保证营养均衡。

138 美国青蛙养殖前景如何？有哪些养殖技术关键点？

美国青蛙肉白、鲜、香、嫩,味道鲜美,营养丰富,是高蛋白、低胆固醇的食品,另外美蛙油还具有较高的药用价值。目前广泛应用于保健和膳食,备受人们青睐,养殖前景良好。

养殖技术关键点如下:

(1)应该选择水质清新、水源丰富、无污染、易排灌的地点建造蛙池,同时光照条件好、避风向阳、交通方便且环境安静,养殖池应当设立防逃和防天敌设施,注意消毒避免染病。一般面积为50～60平方米,利用垄沟划分成单元式养殖池,用网片隔开饲养。利用藤蔓、遮阴网防晒。

(2)大小分池饲养,避免吃食强度和生长速度不同造成自相残杀。

(3)幼蛙喂料主要以鲜活的动物性饲料为主,如人工繁育的无菌蝇蛆、蚯蚓、黄粉虫、小鱼虾等,成蛙可饲喂颗粒膨化饲料。可通过人工填喂的方式让蛙吞咽,多次填喂后,蛙会主动配合。

四、肉牛、鹅、中蜂养殖关键技术

139 南方山区应如何建造肉牛舍？

（1）场址选择。丘陵山地应选择向阳缓坡地，坡度不超过20°，不宜建在低洼、风口处。水源充足，交通便利，但应离支线公路500米以上，离主干公路1 500米以上，周边5千米范围内无化工、采矿、污水处理和屠宰场所等污染源。

（2）功能分区。场内应分为生活管理区、辅助生产区、生产区和粪污处理区，各区界限分明，联系方便，区间距不少于50米。生产区内是各阶段的育肥牛舍，设在场区中间，位于管理区的下风或侧风向，入口处设人员消毒室、更衣室和车辆消毒池，牛舍之间保持适当距离，布局整齐。

（3）牛舍结构。牛舍宜选择双坡双列的开放式牛舍或棚舍。棚舍以钢柱支撑梁架，四面无墙，仅有围栏。冬季寒冷时，将敞开部分用塑料薄膜遮挡成封闭状态，气候转暖时可把塑料薄膜收起，从而达到夏季通风、冬季保温的目的。

（4）场区绿化。场内建筑物的周围、道路两旁及空地宜种植高大乔木进行绿化，夏季可以遮阴避暑，改善场内小气候，减轻牛场对周边环境的不利影响。

140 牛场宜购置哪些设备？

（1）保定设备。常用的有保定架、鼻环、缰绳与笼头，保定架是牛场不可缺少的设备，用于打针、灌药、编耳号及治疗时使用。未去势的公牛，有必要带鼻环。缰绳与笼头是拴养时不可缺少的。

（2）卫生保健设备。牛刷拭用的铁挠、毛刷，清扫牛舍用的叉子、三齿叉、扫帚，测体重的磅秤，耳标，削蹄用的短削刀、镰，无血去势器，吸铁器，体尺测量器械等。

（3）饲草加工设备。饲料生产所需的拖拉机、联合收割机等耕作机械；制作青贮或加工粗饲料所需的铡草机、揉丝机、打包机等；配制精补料所需的粉碎机、搅拌机和计量器等；投料所需的自动或半自动搅拌机（车）等。

141 牛场如何建造青贮池？

肉牛场常见的青贮池分为半地下式、地下式和地上式，建在离牛舍较近的地方，地势须高燥、易排水,不渗水、不漏气。

修建青贮池时,池四角修成弧形,便于青贮料下沉,排除残留空气。池底要用水泥抹平,并有一定倾斜度,青贮池四周要修排水沟,防止雨水渗入池中。大型青贮池可采用联池建设,便于操作和节省占地。侧壁均采用钢筋混凝土构件,增强青贮料压实后抗压力,以免产生裂缝。

 142 牛的消化有什么特点? 如何调制和搭配牛的饲料?

牛是反刍动物,胃部具有瘤胃、网胃、瓣胃和皱胃四部分。首先,瘤胃内含大量细菌和原虫,可以分解饲料中的粗纤维。因此,牛的日粮以青粗饲料为主,以此降低养殖成本。其次,瘤胃也会利用微生物将饲料中的蛋白分解后合成菌体蛋白,成为牛体蛋白质的主要来源。因此,牛对高蛋白日粮中氮的利用率较低,反之它可利用非蛋白氮如尿素等来合成其所需的蛋白质。再次,牛采食饲料时,大部分未经充分咀嚼就吞咽进入瘤胃,在浸泡和软化一段时间后,食物经逆呕重新回到口腔,经过再咀嚼,称之为反刍。

根据牛的消化特点来调制和搭配饲料时,一是选用本地丰富且便宜的青粗饲料或农副产品,做到种类多样,确保营养全面。二是精粗配比适宜,以粗为主。青粗饲料要合理加工,如铡短、切碎、揉搓、压块等,提高采食量,缩短采食时间,有利于反刍。三是日粮成分相对保持稳定,如果突然改变日粮构成,会影响瘤胃发酵,降低饲料消化率,甚至引起消化不良或下痢等疾病。

 143 山区秸秆饲喂肉牛应怎样加工处理?

秸秆适口性差,消化率低,营养价值低,宜加工处理后使用。

(1)粉碎、铡短。铡成5～6厘米的短秆后,便于动物采食和咀嚼,增加采食量。饲料在瘤胃中能更好与微生物接触,提高消化率,加快消化速度。

(2)揉搓。揉搓比铡短又提高了一步,经揉搓的玉米秸秆成柔软的丝条状,适口性进一步提高。

(3)制粒和压块。颗粒料质地硬脆,大小适中,便于咀嚼和改善适口性,从而提高采食量,减少秸秆浪费。秸秆和精补料按一定的比例制成颗粒,效果更佳。

(4)秸秆微贮。就是在秸秆中加入微生物高效活性菌,放入密封的容器(如水泥池、发酵罐、发酵袋)中贮藏,经过一定的发酵过程,秸秆变得微酸且有香味,成为草食动物喜食的饲料。

 144 牛场氨化秸秆的关键技术有哪些?

秸秆经过氨化,可以提高适口性、消化率和营养价值,是发展草食动物的良好饲料资源。

（1）原料的选择。以麦秸、稻草、玉米秸为主，原料要新鲜干净，无霉变，氨化前粉碎或铡短成 2 ～ 3 厘米。

（2）氨化池建造。选择地势高燥，排水良好的地方建池。要求窖壁不漏气，窖底不漏水，窖缘高出地面 10 ～ 15 厘米。

（3）秸秆装填。每 100 千克干秸秆用尿素 5 千克或碳酸氢铵 10 千克，兑水 20 ～ 30 千克后均匀喷洒在铡短的秸秆上。池底与四周铺好厚塑料膜，分层装填秸秆，每层厚 20 厘米左右，层层踏实，装到高出池顶 50 ～ 70 厘米时，用塑料膜压紧密封，再用 20 厘米厚的散土覆盖。

（4）氨化管理。氨化时间随气温而定，低于 5℃，4 ～ 8 周；5 ～ 15℃，2 ～ 4 周；15 ～ 30℃，1 ～ 2 周；高于 30℃，1 周以内。氨化期间要经常查看以防进水漏气。

（5）开封放氨与饲喂。氨化好的秸秆有强烈的氨味，发亮，放氨后有香味且质地柔软。取用时先晾晒，待氨气挥发完后，才可饲喂。

145　制作玉米青贮饲料的关键技术有哪些？

（1）青贮窖准备。青贮窖要求坚固牢实，不透气，不漏水。青贮前清除窖内杂物、剩余原料和脏土。在窖底、四壁铺衬塑料薄膜。

（2）适时收割原料。全株玉米青贮一般在玉米乳熟后期或蜡熟期收割；收穗后的玉米秸秆青贮应尽快收割，以有一半绿色茎叶为宜。

（3）切短。目的是方便装填紧实，取用方便，便于采食，减少浪费。一般用机械将原料切短到 3 ～ 4 厘米。水分控制在 60% ～ 70%，以手抓原料用力挤压，指缝有水显现但又不流下为宜。全株玉米青贮不需要加水，玉米秸秆青贮则需要加一定量的水。

（4）装填压实。装填青贮料时应逐层装入，每填装 30 厘米即用机械压实，注意压实四个角落，然后再继续装填，直至装满并高出窖口 50 厘米以上。

（5）密封。原料填装结束后，覆膜盖严。再覆土 20 ～ 30 厘米或覆压轮胎等重物封窖，窖顶呈圆弧形，以利排水。封窖后应经常检查窖顶，如有下沉裂缝时，应及时覆土压实，防止雨水渗入。

146　如何配制肉牛育肥的精补料？

肉牛精补料因适口性好、消化率高，营养均衡全面，在育肥时可明显提高增重效果和养殖效益。配制时应坚持以下原则：

（1）科学设计配方。应充分考虑肉牛的生理阶段及特点，牛是复胃动物，庞大的瘤胃是饲料消化代谢的基础，精料过多不仅造成浪费，还容易引发代谢性疾病。

（2）选择优质的原料。特别是一些饼粕饲料如棉籽饼、菜籽饼、花生饼等，含有一定量的抗营养因子，对其用量要给予限制。

（3）合理配方。设计配方应以最低成本或最高效益为目标，注意做到用多种饲料搭配并选择价格相对较低的原料，同时根据牛的品种、年龄、状态及管理水平等确定合理的营养水平。

 147 全混合日粮饲喂肉牛有哪些优点？如何加工调制？

根据肉牛的营养需要设计日粮配方，用专用搅拌机械将粗料、精料、添加剂等日粮各组分均匀混合，供肉牛自由采食的一种营养平衡日粮就是全混合日粮（TMR）。TMR 省工省力，适宜规模化经营；且营养均衡，有利于瘤胃内环境的稳定，可大大降低消化道疾病。

其加工制作方法如下：

（1）原料填装。立式 TMR 搅拌车的原料填装顺序为干草、青贮饲料、农副产品和精饲料。卧式 TMR 搅拌车的原料填装顺序则为精料、干草、青贮、糟渣类。添加原料过程中，防止将铁器、石块、包装绳等杂物混入搅拌车。

（2）原料混合。采用边投料边搅拌的方式，通常在最后一批原料加完后再混合 4～8 分钟。搅拌后日粮中长于 4 厘米的粗饲料占全日粮的 15%～20%。

 148 异地怎样选购架子牛？

架子牛泛指 1～3 岁且体重 300 千克以上的年青公牛、母牛或阉牛，其品质优劣直接决定着异地集中育肥的经济效益。

异地购买架子牛要实地考察，了解牛源质量、价格等信息，尤其是疫病情况，防止因长途运输的应激和水土不服而出现问题。品种以夏洛来、西门塔尔等国外优良品种与本地黄牛的杂交后代为好，它们既能适应本地环境，又兼具其父本良好的肉用性能，育肥期日增重可达 1.2 千克，高出本地黄牛近 1 倍。

个体挑选时应一看、二触、三选择："一看"是看牛的健康状况，外观精神活泼、被毛光亮、无眼屎、鼻镜湿润有水珠、排便正常、腹部不膨大。"二触"是摸摸牛体、提提牛皮，看牛的被毛是否柔软细密、牛皮是否松弛不紧绷。"三选择"是选择体重和年龄，以体重 300 千克以上、年龄 1～2 岁的公牛为最佳。

 149 外购架子牛在运输途中如何管理？

运输架子牛要避免路上时间太长、运输前喂得太饱，运输密度要适当。到达目的地不要立即饮水，充分休息后（3～4 小时）再提供温水（夏天饮凉水）。供给优质的粗饲料自由采食，精料的饲喂要看牛的排粪情况，且只能供给牛体重的 1%，以后逐渐增加。

150 架子牛阶段如何利用牛的补偿效应来降低成本?

在肉牛的生长发育过程中,常因饲料匮乏或质量低劣、饮水不足、疾病、气候异常、环境突变等导致生长发育受阻,增重缓慢,甚至停止增重。一旦阻碍生长发育的因素解除,则会在短期内快速增重,把受阻期损失的体重弥补回来,有时还能超出正常的增重量,这种现象称为生长补偿效应。

对于 1 岁以后的架子牛,利用补偿生长可节省冬季昂贵的饲料,来年春、夏牧草丰富时又可赶上正常生长,这种饲养方式俗称吊架子。牛在补偿生长期间增重快、饲料转化率也高,但由于饲养期延长,达到正常体重时总饲料转化率则低于正常生长的牛。架子牛快速育肥实质上就是利用牛的"补偿性生长"这一特性来进行的。

151 肉牛酒糟育肥的技术要点有哪些?

酒糟蛋白质含量较高,约占风干物质的 20%,脂肪含量较多(3%～5%),B族维生素丰富,含有促生长因子。而且其来源广泛,物美价廉,是肉牛育肥的重要饲料来源。

利用酒糟育肥时间不宜拖得过长,以 6～9 个月的育肥期为宜。为此,一般选择体重 250 千克左右的架子牛来育肥。育肥前须有一段适应期,即逐渐增加喂给量来让牛适应。

育肥期视育肥牛体重大小和酒糟含水量可日喂 25～35 千克,玉米秸、干草等粗料 3～10 千克,加精补料 1～5 千克。精补料中应注意添加食盐(成年牛每日50～60 克,幼年牛 40～50 克)、钙磷饲料和维生素 A。为中和酒糟酸性可按精料1.5%～2.0%加入小苏打。

酒糟育肥须注意成本不能太高,不能单一饲喂。应趁鲜饲喂,2～3 天喂完。夏季鲜糟过多时可采用干燥、青贮的方法贮存。

152 肉牛青贮育肥如何安排栽培牧草的茬口?

适合青贮的原料较多,如玉米、甜高粱、大麦、黑麦、燕麦等禾谷类作物,甘蓝、牛皮菜、苦荬菜、猪苋菜、聚合草等叶菜类作物,苜蓿、三叶草、紫云英等豆科作物,胡萝卜、白菜、红薯藤等蔬菜、瓜果类作物,还有野草、野菜等。十字花科的饲用油菜目前也已成为牛羊青贮的好饲料。

肉牛的青贮原料必须具有产量高、青贮质量好、保存时间长等特点,适宜栽培的作物主要有玉米、甜高粱、大麦、饲料油菜等。茬口的安排:冬春季节种植大麦或饲料油菜,夏秋季节则种植玉米或甜高粱。

153 肉牛育肥的日常管理要点有哪些？

（1）"五定"管理。即定人、定量、定时、定桩、定刷拭，确保牛环境的稳定和避免人为应激，及时发现和观察牛的异常现象，及时处理。

（2）圈舍管理。夏季要通风，冬季要保暖，食槽和水槽要保持干净。注意清扫粪便，定期对牛舍和周围环境进行消毒。

（3）日常饲喂。饲料、水要干净、卫生，喂料时要先精后粗、先干后湿、先料后水、少喂勤添，冬季要饮温水。

（4）牛体管理。每天刷拭 1～2 次，日光浴 2～3 小时，以促进新陈代谢。定期健胃驱虫，定期注射疫苗。

（5）日常记录。做好舍内温度、消毒、防疫、病史等记录。

154 如何把握育肥肉牛的最佳出栏时间？

（1）根据采食量判断。日采食量（以干物质为基础）仅为活重的 1.5% 甚至出现下降，牛腹缩小，不愿走动。

（2）根据体重判断。良种及其杂种大于 550 千克，小型黄牛 400～450 千克。

（3）根据体型外貌判断。皮肤褶少，体膘丰满，看不到明显的骨骼外露；臀部丰满，尾根两侧看到明显突起；胸前端突出且圆大；手握胲部皮紧，手压腰背部有厚实感。

155 高档牛肉生产有哪些关键技术？

高档牛肉要求肉牛 30 个月龄以内屠宰，体重 500 千克以上，皮下满膘。因此，应根据牛的不同生长阶段供给不同的饲料和营养。育成期间，粗饲料，消化器官快快长；肥育前期，配合饲料，肌肉生长快起来；育肥后期，能量料，肌间脂肪沉积好。

育成期（4～12 月龄），是牛骨骼、内脏等组织发育的活跃时期，粗饲料含量要到 14%～16%，配合饲料按体重的 1.2%～1.5% 限制供给。

育肥前期（13～18 月龄），是育成期限制饲喂后补偿增重最快的时期。此期仍要适当限饲，饲料中的粗蛋白质（CP）11%～12%，配合饲料的饲喂量是体重的 1.7%～1.8%。

肥育后期（19 月龄至出售），采用全价配合日粮并应用增重剂和添加剂，自由采食，自由饮水。5 个月后，每头牛再加喂大麦 1～2 千克，采用高能日粮，强度育肥 4 个月，即可出栏屠宰。

156 如何提高肉牛养殖场的经济效益？

（1）充分利用本地饲料资源。饲料成本占到肉牛场经营成本的 70%～80%，因此,控制饲料成本是提高效益的关键。优先选择质优价廉的精饲料,充分利用好本地的青粗饲料,合理利用好农副产品(如豆渣、酒糟等),并严格控制饲料浪费。

(2)提高经营管理水平。科学制定发展目标,依据生产流程合理设置岗位和分工,做好各环节的组织与协调,建立核算、奖惩制度,及时分析流动资金使用效率,核算生产成本和利润。

(3)适时出栏,加快周转。根据规模大小安排育肥批次,春秋气候适宜,是育肥的好时机,能取得较好的收益。育肥牛的膘情和体重达到预定标准后应及时出栏、出售或屠宰,不宜拖延。

(4)发展循环经济。以沼气为纽带,结合食用菌、有机肥等产业,对粪尿最大化利用。推广农牧结合,实施生态养殖。即牧草和农作物秸秆饲养肉牛,牛的粪尿堆沤还田,或是干湿分离,干粪生产有机肥。

157 中、小型肉牛养殖场如何定位经营方式和规模?

中、小型养殖户的特点是规模小,依赖性强,受制约因素多,可持续健康发展存在较多困难。比如基础母牛数量的迅速下降造成架子牛价格超高且购买困难,毛牛行情看涨也难有盈利。

实现可持续发展,就必须逐步建立自己的繁殖母牛群。一般母牛种群达到存栏总量的40%时即可实现产业良性发展。据此测算,一个小规模的养殖场,母牛头数一般为20～30头,中等规模为30～50头。

实施种养结合的循环经济模式,降低经营成本。充分利用山区的大量秸秆,通过青贮或氨化处理,变成喂牛的好饲料。合理利用好酒糟、豆渣等农副产品。另外,通过变废为宝,让污染环境的牛粪种蘑菇、出沼气、肥农田。最为优化的是实施"林—草—牧—菌—肥"立体循环种养。

发展肉牛养殖合作社,建设高档牛肉生产基地,提高牛肉品质和市场竞争力。牛的生产周期比较长,一头牛从出生到成年配种产犊,至少需要两年半的时间,再加上每头牛投资成本高,前期投资较大、需要的流动资金较多、资金收回时间较长,所以投资时一定慎重考虑,建议以中、小规模经营为主。

158 肉牛养殖场粪污怎样进行无害化处理?

随着肉牛养殖规模的不断发展,粪污的排放量不断增加,成为农业生态环境恶化的重要因素。养殖场粪污的无害化处理及综合利用,已成为肉牛养殖业发展需要重点解决的问题。

(1)科学规划,粪污处理实现三同步。粪污处理与养殖场同步规划、同步设施、同步运行。实行雨污分离,减少沼气池废物处理量;建防雨防渗的堆粪场,粪便堆积发酵后及时清运到农田施用;建沉渣池,对冲洗的粪便及其他固体物质进行二次收集。

(2)推行农牧结合,发展生态养殖。将农牧林渔有机结合,立体养殖、综合利用,实现多级循环利用和可持续发展。

(3)推广先进的粪便处理技术。一是建沼气池,对粪便、尿液及污水进行厌氧发酵处理,生产的沼气可用作能源来降低生产成本。二是将粪便发酵或烘干来生产有机肥。

159 鹅的生活习性有哪些?

(1)喜水性。鹅喜在水中浮游、觅食和求偶交配,放牧时宜选择水面宽阔、水质良好的水域。舍饲种鹅时,要设置水池或水上运动场,供鹅群洗浴,交配之用。

(2)合群性。鹅喜群居生活,放牧时前呼后应,互相联络,出牧、归牧有序不乱。合群性有利于群鹅的管理。

(3)警觉性。鹅的听觉敏锐,反应迅速,叫声响亮,性情勇敢、好斗。

(4)耐寒性。鹅的羽绒厚密紧贴,有很强的隔热保温作用。鹅的皮下脂肪较厚,耐寒性强,羽毛上涂擦有尾脂腺分泌的油脂可以防止水的浸湿。

(5)节律性。鹅的条件反射能力强,易养成良好的生活规律。通过信号加以调教,鹅群可形成出牧—游水—交配—采食—休息直至收牧的作息规律,从而便于放牧管理。

(6)杂食性。鹅的肌胃和盲肠发达,食量大,食性广,耐粗饲。放牧饲养70日龄可达2.5千克,因此被称为"草食家禽"。

160 鹅有哪些品种? 如何选养适宜的鹅品种?

中国是养鹅大国,鹅种资源特别丰富,大、中、小型齐全。大型鹅品种(成年体重8～10千克)有狮头鹅;中型鹅品种(成年体重5～7千克)主要有皖西白鹅、溆浦鹅、雁鹅、浙东白鹅、四川白鹅等;小型鹅品种(成年体重3.0～4.5千克)主要有太湖鹅、豁眼鹅等。

选养适宜的鹅品种应因人因地而异,若以养仔鹅为目的,应选择大中型鹅的品种,产肉多,生长速度快。若以销售种蛋或鹅苗为目的,则宜选养中小型鹅的品种。若以活拔羽绒为目的,则选择皖西白鹅为好。

161 种草养鹅适宜栽培哪些牧草?

养鹅适宜栽培的牧草有菊苣、黑麦草、籽粒苋、苦荬菜、紫花苜蓿、串叶松香草、鲁梅克斯K-1、墨西哥玉米等。牧草柔软多汁,营养丰富,适口性好,蛋白质含量高,一般每667平方米牧草可养鹅80～100只,若割草饲养,可养鹅200～250只。

牧草单一种植营养不全,供应不均衡。搭配种植比较好,须注意长短结合,以短期见效为主。多以柔嫩多汁且富含蛋白质的叶菜类和禾本科牧草相结合,但以叶菜类为主。

(1)冬春季节菊苣与黑麦草搭配种植。菊苣为菊科多年生草本植物,高产优质,耐寒耐旱,喜生长于阳光充足的田边、山坡等地。黑麦草茎叶柔嫩多汁,适口性好,各种畜禽都喜食,早期刈割叶量丰富,易于消化利用。

(2)夏季籽粒苋、苦荬菜与苏丹草搭配。籽粒苋适应性强、再生快、产量高、品质好,各类畜禽均喜食,适口性仅次于苦荬菜,可作为首选。苦荬菜适应性强,可生于山坡、沟谷和荒野,而且产量较高,适口性好,还具有清热解毒、止血生肌之功效,是上好的青饲料。

162 购买鹅苗前应做好哪些准备?

购买鹅苗前应充分做好准备工作,包括育雏室、育雏用具、饲料和药品等。育雏室应具备保温、干燥、清洁、光照充足、通气良好等条件。育雏用具主要有料槽、水槽和围栏等,数量要充足。进雏前 3 ~ 7 天,对育雏室和育雏用具进行一次彻底消毒。

进苗前 2 ~ 3 天,地面须铺好垫料(如碎刨花或铡短的稻草等),垫料要松软、干燥、无霉变且吸湿性强。整理好供暖设备(如红外线灯泡、煤炉、烟道等),看育雏温度是否能到 30℃以上,室内温度要均匀、平稳,温度计的指示要正确。接雏前还要把水加好,让水温能达到室温。

雏鹅前 3 天喂半熟的小米,从第 4 天起喂 1/2 配合饲料、1/2 青绿饲料。每只雏鹅放养前约需 1.5 千克配合饲料,应据此备足。事先按计划数准备好小鹅瘟、禽流感、禽霍乱、新城疫弱毒疫苗等生物制品,还要有抗白痢、抗球虫和抗应激药物。此外,要准备好常规的环境消毒药物。

163 如何挑选健康的鹅苗? 如何运输鹅苗?

健康的雏鹅应是按时出壳、出壳体重 80 ~ 100 克,且腹部柔软、脐部收缩良好、肛门清洁、卵黄充分吸收,站立平稳,行动活泼,叫声有力,毛色光亮,两眼有神。用手握颈把雏鹅提起来,二脚能迅速收缩,并挣扎有力。

鹅苗运输:如短途运输(4 小时内可到),出壳毛干后即可运输;如长途运输,必须等到出壳第 3 天,雏鹅有了采食能力,运输前让其吃饱喝足。

164 雏鹅如何喂养?

(1)雏鹅开食。雏鹅第一次吃料,应在出壳后 12 ~ 24 小时内进行。选择易消化的全价颗粒饲料,可以提高成活率。第 1 周龄要少喂勤添,每天喂料 6 ~ 9 次。

3 日龄后开始投喂切成细丝的嫩青菜,俗称"加青"。

(2)雏鹅饮水。雏鹅第一次饮水又叫潮口,应在开食前进行。饮水最好使用小型饮水器,也可使用水盆、水盘,但不宜过大,盘中水深不超过 1 厘米,以免弄湿雏鹅绒毛。前 3 天在饮水中最好加入电解质和复合维生素。

(3)保温与防湿。雏鹅所需温度应保持在 28 ～ 30℃,温度偏低易打堆,过高则可能中暑。随着雏鹅日龄的增长,应逐渐降低育雏温度。早春 10 ～ 14 日龄可以脱温,而夏季 7 日龄即可脱温。雏鹅饮水时易弄湿饮水器或水槽周围的垫料,加之粪便的蒸发,室内湿度升高会造成烂毛。因此,应注意室内通风换气,舍内垫料应保持干燥、新鲜。

(4)雏鹅的放牧。雏鹅 4 ～ 5 日龄起可开始放牧,选择晴朗无风的日子,在附近平坦的嫩草地上活动,让其自由采食青草。放牧可与放水相结合,以利于体内的新陈代谢,放水应由近到远,由浅到深,由短到长,切忌强迫放水。

(5)防御敌害。雏鹅体质较弱,防御敌害的能力很差。其中鼠害就是最危险的敌害之一,因此对育雏室的墙角、门窗要仔细检查,堵塞鼠洞。

 165 **雏鹅培育的温度应如何把握? 管理上还有什么要求?**

雏鹅个体小,绒毛稀薄,体温调节机能不健全,对低温和温度骤变的适应力很弱。雏鹅在 26℃以下的低温环境中容易拥挤扎堆,堆在中心的雏鹅常因窒息而死亡。温度若超过 32℃,雏鹅也表现为精神不振,吃食少,喝水多,体温升高,继而影响生长发育,诱发疾病。长时间高温还可引起雏鹅大批中暑死亡。

雏鹅培育的适宜温度:第 1 周龄,舍温要求保持 28℃左右,昼夜温差不能超过 2℃。此后随着周龄的增加而下降,每周下降 2℃,直至脱温为止。

温度是育雏成败的关键条件,但育雏的湿度、密度、光照等因素也必须予以重视。育雏鹅舍适宜的相对湿度为 60%～70%,要及时清除潮湿垫料,以保持室内干燥。雏鹅应根据强弱分群管理,分群时应注意密度,一般每平方米雏鹅饲养数为 1 ～ 5 日龄 20 ～ 25 只,6 ～ 10 日龄 15 ～ 20 只,11 ～ 15 日龄 12 ～ 15 只,15 日龄以后 8 ～ 10 只。

 166 **仔鹅快速育肥的方法有哪些?**

仔鹅快速育肥的方式有放牧育肥、舍饲育肥和填饲育肥等三种方法,前两者比较常见。

(1)放牧育肥。利用稻或麦收割后遗落的籽粒进行放牧,给以适当的补饲,一般育肥期为 2 ～ 3 周。此法较节省饲料,但须充分了解当地农作物的收割季节,有计划育雏及育肥。

（2）舍饲育肥。俗称"关棚饲养"，鹅舍要求干燥，通风良好，光线暗，环境安静。仔鹅全部人工喂料，饲料以全价配合饲料或玉米加蛋白质饲料为主，适当补充青绿饲料。每天喂食 3～4 次，每次喂足后放鹅下水活动一段时间。每平方米饲养 4～6 只，育肥期 3 周左右。此法仔鹅生长速度快，育肥的均匀度好，适宜集约化批量饲养，符合规模养鹅的发展趋势，但饲养成本较放牧育肥高。

（3）填饲育肥。又称强制育肥，分人工填饲和机器填饲两种。填饲 3 周左右，因填饲的配合饲料营养丰富，鹅生长迅速，增重快效果好。但饲养成本高，需要较多的人工和物力。

167 仔鹅放牧饲养应注意哪些事项？

（1）鹅群的大小。放牧鹅群以 250～300 羽组群，如放牧地开阔，饲草充足，可增到 500 羽左右，由 3～4 人管理。放牧应固定相应的信号，使鹅群对出牧、休息、缓行、归牧建立条件反射，便于放牧管理。

（2）放水。放牧时应注意观察采食情况，待大多数鹅吃到七八成饱时应将鹅群赶入池塘或河中，让其自由饮水、洗浴。

（3）防惊群。鹅胆小、敏感，易受惊吓，应防止其他动物及有鲜艳颜色的物品、喇叭声的突然出现引起惊群。

（4）防跑伤。放牧时驱赶鹅群速度要慢，路线由近渐远，慢慢增加，途中有走有歇，不可急赶，防止践踏致伤。

（5）防中暑。避免在夏天炎热的中午、大暴雨等恶劣天气时放牧，无论白天、晚上，当鹅群有鸣叫不安时，应及时放水，防止闷热引起中暑。

（6）防中毒和感染疾病。对放牧路线，要提早几天进行观察，凡是疫区及用过农药的牧地绝不可牧鹅，要尽量避开粪便堆积之处，严防鹅吃到死鱼、死鼠及其他腐败变质的食物。

168 种鹅饲养有什么特殊要求？ 如何选留种鹅？

饲养种鹅的目的主要是为了获得质量好、数量多的种蛋，因此，须给予精心特殊的饲养。

（1）适时调整日粮的营养水平。后备鹅开产前 1 个月左右应将日粮的粗蛋白质调整到 15%～16%，待日产蛋率为 30%～40% 时，将粗蛋白质含量提高到 17%～18%。

（2）调整光照时间。每天光照 13～15 小时，每平方米光照强度 25 勒克斯适宜种鹅的产蛋需求。通常母鹅是在秋末冬初开产，光照时间短。因此，28 周龄或开产前就应早晚逐渐人工补光。

(3)合理搭配公母配比。群鹅的公母配种比例以 1（公）∶（4～6）（母）为合适。精心挑选阴茎发育良好,精液品质优良的个体作种公鹅,每天早晨出栏后应在清洁水域嬉水、交配。

(4)加强产蛋鹅的管理。母鹅产蛋时间多在凌晨至上午 9 时,种鹅应在上午产蛋基本结束后才开始出牧。搭设产蛋棚或设置足够的产蛋窝,可诱使母鹅集中产蛋,并减少破损。

选留种鹅可从三个阶段选择:一是雏选,选留体质健壮、绒毛光泽好、腹部柔软无硬脐、卵黄吸收良好的健雏。二是青年鹅的选择,70～80 日龄时选留生长速度较快、外貌特征符合本品种标准、体格健壮、发育良好的留作种用。三是后备种鹅的选留,要求生长发育好,体重大,体型结构和健康状况好,无杂毛。

 169 **怎样提高种鹅的产蛋量?**

(1)适宜的温度。温度对鹅的生长、性成熟、蛋重、蛋壳厚度以及饲料效率等都有影响。适宜鹅产蛋的温度是 20℃左右。春秋季气温适宜,是母鹅的盛产期。

(2)合适的光照。光照对母鹅产蛋量的提高十分重要,光照时间以每天 13～15 小时为宜。

(3)均衡的营养。产蛋旺季,日粮中粗蛋白质的含量应保持在 20% 以上,其他养分如矿物质、维生素等也应保证需要。每天应让鹅到田间、沟渠、水塘、草地等处觅食野草、小虫、小鱼虾等,做到荤素兼食。此外,还应坚持用混合饲料给母鹅加喂夜餐。

(4)精心的管理。对产蛋母鹅,不要远牧、逆水牧,要避免鹅过度疲劳与受惊。产蛋期间要保持环境安静,要注意保持棚舍清洁、干燥、通风,地面铺些细沙,设置产蛋巢。每天勤拣蛋,以减少蛋的破损。可搭配适当数量的公鹅,以促进蛋鹅性机能活动,也能提高种蛋受精率。

 170 **如何孵化鹅蛋? 鹅蛋孵化过程中应注意哪些事项?**

鹅蛋的孵化与鸡蛋、鸭蛋基本相同,多采用机器孵化和摊床孵化,孵化条件仍然是温度、湿度、通风、翻蛋和凉蛋。但是鹅蛋个大,蛋壳厚而硬,蛋黄含脂率高,所以孵化鹅蛋的细节与方法上需要注意以下几点:

(1)鹅蛋码盘时应大头向上斜放或平放。因为蛋大,尿囊不容易合拢,而斜放或平放缩短了尿囊绒毛膜的发育距离。

(2)鹅蛋的翻蛋角度要大,一般在 60°～180°才有利于胚胎发育。

(3)鹅蛋蛋黄的含脂率高,胚胎生长发育后期的代谢更强,蛋温急剧增高,对氧的需要量增大,极易造成胚胎死亡。因此,孵化至第 15 天起,就必须开始凉蛋。后期遇温度过高时,须向胚蛋表面喷洒 30℃ 温水来降温。

(4)与鸡蛋孵化相比,鹅蛋孵化的温度应稍低一点,湿度大一点,特别是出雏后期,因啄壳时间延长易造成蛋内水分蒸发加速,破壳点很容易干枯黏壳,所以要增加湿度降低温度。

 171 如何活拔羽绒?

活拔羽绒是在不影响产肉、产蛋性能的前提下,活体拔取鹅的羽绒,来提高养鹅的经济效益。

活拔羽绒的操作方法如下:

(1)拔绒前的准备。拔绒前 1 天晚上停止喂食,待鹅排空粪便,拔绒当天清晨放鹅下水游泳,洗净身体,然后赶入围栏内晾干羽毛。

(2)鹅的保定。拔绒人坐在矮凳上,让鹅胸腹朝上,头朝后,顺势将鹅的胸脯朝上平放在人的大腿上,再用两腿将鹅的头颈和翅夹住。

(3)拔绒的顺序。先从胸上部开始拔,由胸到腹,从左到右。胸腹部拔完后,再拔体侧、腿侧、颈后半部和背部的羽绒。拔每一部位时,先拔片羽,后拔绒羽。翅羽和尾羽不拔。

(4)拔绒的手法。用左手按压住鹅的皮肤,右手的拇指和食指、中指拉着羽毛的根部,每次适量,顺着羽毛的尖端方向,用巧力迅速拔下,将片羽和绒羽分别装入袋中。拔羽过程中如出现小块破皮,可涂擦紫药水或红药水。经过 1 ~ 2 次拔取,鹅会逐渐习惯,反抗减弱,毛囊松弛,更容易拔羽。

活拔羽绒后在饲养管理中要防止日晒、雨淋,3 天内不放牧、7 天内不放水。加强补饲,日粮中增加一些动物性蛋白质以促进新羽的生长。

 172 鹅肥肝生产有哪些技术要点?

鹅肥肝因其营养丰富,质地细腻,味道鲜美而被誉为"世界食品之王"。其生产技术的核心就是采用人工强制填饲,使鹅的肝脏在短期内大量贮积脂肪等营养物质。

(1)适宜肥肝填饲的品种。以头颈粗壮,体型大的品种为好,如狮头鹅、溆浦鹅、朗德鹅、莱茵鹅及其杂交后代。

(2)填饲日龄与体重。达到体成熟后填饲效果较好,仔鹅 3 ~ 4 月龄,体重 4.5 ~ 5.0 千克为宜。

(3)填饲饲料。填饲最好的饲料是玉米。调制方法是将玉米洗净后水煮 3 ~ 6 分钟或置于冷水中浸泡 8 ~ 12 小时,捞出沥干后加入 1%~2% 的猪油、0.3%~ 1.0% 的食盐充分拌匀后使用。

(4)填饲量和填饲期。鹅的填饲量为 0.8～1.5 千克／(天·只)，每天填饲 4 次，一般填饲 3～5 周，填饲成熟时，鹅腹部下垂，羽毛乱而潮湿，呼吸急促，消化不良，步态蹒跚，跛行。

(5)屠宰加工。宰杀时要充分放血，浸烫煺毛后将屠体放入 4～10℃冰箱中冷藏 10～12 小时，再开膛取肝，取出的肝要冷冻。

 173 鹅的常见疾病有哪些？如何预防？

与其他家禽相比，鹅的适应性和抗病力较强，但一旦发病，特别是传染病，仍会带来巨大损失。鹅的常见疾病主要有以下三大类：

(1)传染病。由病原微生物引起，具有一定的潜伏期和症状，并能传播蔓延。如小鹅瘟、禽流感等。

(2)寄生虫病。由寄生虫寄生在鹅体内或体表而引起，如球虫病、绦虫病、鹅羽虱等。

(3)普通病。由饲养管理不善等原因引起的疾病，如外伤、中毒和营养缺乏症等。

疫病预防工作是养鹅成败的关键，在生产实践中，应以小鹅瘟、禽流感等危害较大的疾病作为防治重点，积极采用综合防治措施，提高鹅病防治水平。要加强各阶段的饲养管理，提高鹅的自身抵抗力，并采取严格的隔离和消毒措施，加强对饲养、运输、屠宰、销售等各个环节的场地、用具、器具的全面消毒，平时做好鹅舍的清洁卫生和消毒，保证饲料和饮水的新鲜与卫生，并勤换垫料。

 174 小鹅瘟如何诊断与防治？

小鹅瘟是由小鹅瘟病毒引起的一种急性、败血性传染病。本病主要侵害 3～25 日龄雏鹅，日龄越小，发病率和死亡率越高。3～15 日龄为高发日龄，25 日龄以上的很少发病。

(1)主要症状。7 日龄以内的雏鹅感染后往往呈最急性型，病程只有半天或一天，大多不显示任何症状即突然死亡。急性症状表现为精神委顿、缩头，步行艰难，常离群独处。继而食欲废绝，严重腹泻，排出黄白色水样和混有气泡的稀便，喙的前端色泽变深，鼻液分泌增多，病鹅摇头，口角有液体甩出，嗉囊中有多量气体和液体，有些病鹅临死前出现神经症状，颈部扭转，全身抽搐或发生瘫痪。

(2)预防。本病目前尚无有效物治疗，及时用小鹅瘟血清治疗，治愈率可达 50%左右。采取预防措施能有效控制本病的发生和流行，应加强对种鹅和雏鹅的预防接种工作。

种鹅的免疫：开产前 1 个月注射小鹅瘟弱毒疫苗，用灭菌生理盐水将疫苗进行 20 倍稀释，每只鹅皮下或肌肉注射 1 毫升。

雏鹅的免疫：种鹅未经免疫孵出的雏鹅，在出壳后 24 小时内，每只皮下注射抗小鹅瘟高免血清 0.3～0.5 毫升，其保护率可达 95%；对已经感染发病的同日群雏鹅，每只皮下注射 2～3 毫升，具有治疗作用。

 175 小鹅流行性感冒如何防治？

小鹅流行性感冒是仔鹅常发的一种急性、呼吸性和败血性传染病，主要发生于冬、春季。严重时发病率和死亡率为 80%～90%。气候突变、舍内温差过大、远途运输和饲养管理不佳等均可导致本病发生。此病以呼吸道传染为主，污染的饲料和饮水也可传播本病。

（1）症状。病鹅的主要特征是呼吸困难，鼻孔中流出大量浆性分泌物，伴有甩头、流泪、打喷嚏。重病鹅会出现下痢，脚麻痹跛行。病鹅呼吸器官有明显的纤维性薄膜增生；气管及支气管充血、出血，管腔中有半透明渗出物；肺淤血；心内膜及外膜有出血点或大小不等的出血斑；肝轻度肿大，淤血；胆囊肿大，充满胆汁；肾淤血。

（2）预防与治疗。做好雏鹅的防寒保温，遇气温突变时，雏鹅不可出牧，更不可下水。每羽颈部皮下注射 0.5 毫升嗜血杆菌纯培养灭活菌苗，连用 3 次，每次间隔 5 天，有良好预防效果。病鹅的治疗可每天肌注 2 次青霉素，1 万～2 万单位/羽，连用 2 天；或每天肌注 2 次链霉素 12～15 毫克/羽，连用 2 天；或每天肌注 2 次 30% 安乃近 2 毫升，连用 3 天，都有很好的治疗效果。

 176 鹅的寄生虫有哪些？ 如何驱虫？

鹅容易感染的体内寄生虫有绦虫、球虫、蛔虫、住细胞原虫等，体外寄生虫有螨、虱、蜱等，它们都会对鹅造成严重危害。

绦虫病。病鹅可按体重使用 150～200 毫克/千克硫氯酚，或者按照 1∶30 的比例添加在饲料中混饲。排出的粪便及时收集，然后集中统一销毁。

球虫病。鹅群饲料中可添加 0.02% 的复方磺胺甲基异恶唑混饲，连用 4～5 天，能够有效预防该病。病鹅治疗时，要交替使用不同药物，第二次驱虫可换用氨丙啉混饲，每千克饲料中添加 150～200 毫克，连用 7 天。

鹅虱。病鹅羽毛中可撒布适量的 0.5% 敌百虫粉剂，并对羽毛进行轻揉，确保药物能够均匀分布在机体身上。也可按体重皮下注射 0.2 毫克/千克伊维菌素注射液，但要在宰前 28 天停药。用药后 10 天还要再进行 1 次治疗，确保将新孵化出来的幼虱也杀死。

 177 如何预防种鹅蛋子瘟？

鹅大肠杆菌病，俗称"蛋子瘟"，是由特定血清型的大肠杆菌引起的，主要发生于成鹅。母鹅剖检病变以腹膜炎、卵巢炎和输卵管炎为主,腹腔内充满淡黄色腥臭液体和卵黄块,卵巢萎缩、变性、坏死,输卵管管腔中含有黄白色纤维素性渗出物,子宫内充满干酪样坏死物,病程一般为 2～6 天,少数病鹅能康复,但不能恢复产蛋。公鹅主要是生殖器出现红肿、溃疡,其上常覆盖着黄色黏稠液体,并有坏死痂皮。

(1)免疫预防。当前较有效的办法是用从本场发病鹅中分离的大肠杆菌制成灭活菌苗,对后备种鹅群 2 月龄、4 月龄时各注射 1 次,可控制发病。

(2)药物防治。链霉素、氯霉素、庆大霉素等疗效较好。

(3)减少受精污染。带菌公鹅可通过交配将病原传给母鹅,因而有严重病变的公鹅应作淘汰处理。治疗:将生殖器上的结节切除,清创消毒,肌注抗菌药物,使其康复。

178 中蜂资源的分布情况?

中华蜜蜂(图 39)又称中华蜂、中蜂、土蜂,是东方蜜蜂的一个亚种,属中国独有蜜蜂品种。在中国,中华蜜蜂从东南沿海到青藏高原的 30 个省(自治区、直辖市)均有分布。中蜂的分布,北线至黑龙江省的小兴安岭,西北至甘肃省武威、青海省乐都和海南藏族自治州,新疆深山也发现有少量分布。西南线至雅鲁藏布江中下游的墨脱、聂拉木,南至海南省,东到台湾地区。集中分布区则在西南部及长江以南省区,以云南、贵州、四川、广西、福建、广东、湖北、安徽、湖南、江西等省区数量最多。2006 年,中华蜜蜂(中蜂)被列入农业部《国家级畜禽遗传资源保护名录》。

图 39　中华蜜蜂

179 中蜂有哪些生活习性？

（1）中蜂飞翔力强、飞行速度快、嗅觉灵敏。能躲过自然界中众多天敌的追捕，能发现更多蜜粉源，在没有大宗蜜粉源或者在最恶劣的气候条件下，能寻找到维持群体生命的食物。

（2）中蜂节省饲料。这一可贵的优良特性能为人类提供更多的产品——蜂蜜。自然界中的各种动物都有其特有的越冬方式，蜜蜂是半蛰居营群体生活的昆虫。中蜂结团紧密，越冬期内往往叮掉巢脾下部大片巢房，结团在蜂巢下面的局部范围，蜂团集中而紧密。消耗少量饲料，少量运动产生微热，保持低限的生命活动，保持群体所需要的生存温度，这也是中蜂在长期的生存斗争过程中形成的有利于种族生命延续的生活习性。

（3）中蜂泌蜡能力强。经常毁弃自己苦心营造的巢脾，而不厌其烦地重新泌蜡造脾。这种喜新厌旧的生活习性，能随时应对环境突变、天敌入侵，迁居后及时营造新居，只有具备这种特性，才能在万变的自然环境中保存自己。客观上也起到精理蜂巢，减少细菌、病害在巢房滋生和污染，清除害虫的虫卵，保持群体的正常生活以及后代的健康发育的作用。能使蜂王始终在新巢房产卵，卵虫在宽大的巢房里发育成长，培育出健壮的新个体，具有优生优育的客观效应。

（4）中蜂个体小，吻较短。采集力虽然较低，但中蜂采集工作勤奋，抗寒能力较强，早出晚归，在9℃时就能正常进行采集活动，弥补了吻短、采集力低的不足。

（5）中蜂分蜂性强。中蜂维持的群势比西蜂小，群体增长数量多，在生存斗争过程中生存概率大。

（6）中蜂定向力较差，容易迷巢。这种习性与长期在广阔的野外生活、群体间距大、接触机会少有关。这一习性对人为管理是不利的。中蜂群失王后，工蜂快速产卵现象，虽然是生存斗争中一种特殊现象，但必然无法使该群体生命得到延续。

180 中蜂活框养殖有哪些关键技术？

用活框蜂箱饲养中蜂，在管理上大致与西蜂相同，但由于中蜂换箱后蜂巢内环境发生变化，加上中蜂有其独特的生物学特性，因而在饲养管理中有某些需要特别注意的地方。

（1）要根据季节随时调整蜂脾关系。在自然状况下，中蜂依靠蜂团密集和疏散自行调节蜂巢中的蜂脾关系。而在活框蜂箱人工饲养条件下，则需要根据外界的蜜源气候变化，合理地调整蜂脾的关系。

早春时节气候多变，时有寒潮袭击，因此要做好蜂群的保温工作。适当紧缩巢脾，使蜂多于脾，并且将框距缩小以利保温。给予奖励饲养和补充蛋白质饲料，可以刺激蜂王产卵和工蜂哺育的积极性。早春不要过早地拆除蜂箱内越冬包装物,防止幼虫冻伤。

夏季天气炎热潮湿,蜜粉源比较缺乏,而敌害和盗蜂严重,蜂群遭受的损失往往比越冬损失还要严重。保持群强、蜜足、蜂脾相称是安全越夏的基本保证。在越夏前一个蜜源期要留足越夏饲料,尤其是花粉。在夏季不能做奖励饲喂,以免刺激蜂王产卵和工蜂出勤,增加劳动量以致缩短工蜂寿命,造成秋衰。

冬季要组织强群越冬,越冬蜂群内要保持脾稍多于蜂。越冬蜂群以单王群5框以上蜂量为宜,2～3框的弱群要进行合并或组织双王群越冬。由于初冬季节气温尚不稳定,中蜂蜂群越冬包装要比意蜂晚10天左右,切忌包装过早,不然突遇晴暖天气,气温回升,工蜂外出飞翔,会招致损失。

(2)控制自然分蜂,淘汰老劣蜂王。中蜂的分蜂性较强,若不加以控制,很容易发生分蜂,不仅影响蜂群的采集力,降低产量,而且自然分蜂群的飞逃还会使蜂场蒙受损失。

流蜜期到来时,中蜂蜂群的群势发展很快,如果蜂王老劣、工蜂哺育能力过剩、巢内拥挤闷热,而外界气候温暖,蜜粉源丰富,蜂群即会产生分蜂热。由于分蜂是蜂群的一种本能,因此单纯依靠驱杀雄蜂,破坏王台或扩大蜂巢等强制手段是不足以消除蜂群分蜂热的。可以采取下述方法,因势利导,科学地利用中蜂的分蜂本能,发展中蜂生产。

一是培养强群,利用自然分蜂群,适当处理原群。早春,选择有3框足蜂、2框子脾的蜂群,通过加强保温、奖励饲养、快速繁殖和补给老子脾的方法,使蜂群迅速壮大,提早发生分蜂热。当蜂巢内出现自然王台时,不要破坏,可以让它进行自然分蜂,然后把分蜂群收捕回来。因为第一次分蜂是老王飞出,容易收捕,而第二次分蜂时,是处女王飞出,飞得远而且结团高,不容易收捕。根据当地蜜粉源和气候条件,利用自然分蜂群造脾积极、采集勤奋的优点,有计划地进行分蜂,是解除蜂群分蜂热的一个方法。如果原群群势很强,用上述方法尚不能抑制其分蜂热时,可以采用人工原地均等分蜂法,在每个分蜂内各选留一个最好的成熟王台。如果场内有备用的老蜂王,可以把它介绍到自然分蜂后的原群内,待处女王出房交尾后,可以组织成双王群快速繁殖。

二是将原群和交尾群同箱饲养。春季蜜源流蜜前期,将蜂群在箱内隔成两半:一半由2框带蜂王;另一半介绍一个成熟的王台,当中用铁纱隔开,巢门开在两群之间,并做好标记,待新蜂王交尾产卵后,淘汰老蜂王,抽去隔板,合并成一群。这样既实现了蜂王的新老交替,又能有效地解除蜂群的分蜂热。

三是采用卧式蜂箱(图40)。卧式蜂箱在蜂箱的前后壁各开一个巢门,箱内用隔板完全隔开成两部分。蜂群发生分蜂热时,可提2张子脾带蜂到靠近后巢门的一边,组成交尾群。交尾群内介绍一个处女王或成熟王台,让处女王交尾产卵。因为原群内子脾和蜂抽出了2框,群势受到削弱,分蜂热就会打消或减弱。当交尾群内处女王交尾成功,开始产卵后,原群可能再次发生分蜂热,这时可将蜂箱掉转180°,使前、后巢门位置交换,让大量飞翔蜂飞入新交尾群中,并从原群抽调子脾补入新群,这样新群便可迅速发展为强群,而老王群的分蜂热也消失了。流蜜期开始后,如不打算繁殖蜂群,便可将老王杀死,抽去隔板,合并成强群采蜜,又可有效地控制分蜂热。

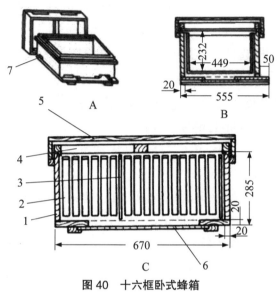

图40 十六框卧式蜂箱

A.箱体与箱盖;B.蜂箱侧剖面;C.蜂箱正剖面
1.箱体;2.巢框;3.闸板;4.纱副盖;5.箱盖;6.箱底通风纱窗;7.侧巢门

(3)避免中蜂咬脾。中蜂的咬脾行为,是长期自然选择的结果,是其适应生存环境的一种本能。野生状态下的中蜂,依靠这种本能整顿、更新巢脾并控制巢虫的危害。中蜂采用活框蜂箱饲养后,更新巢脾的工作由养蜂者帮助完成,这样咬脾行为不仅会造成巢脾的损失,而且也给管理工作带来麻烦。中蜂咬脾一年四季都会发生,平时只咬老脾、生有巢虫的脾、被污染的病脾和多余的空脾,而且往往只是局部咬成孔、洞,咬掉的地方常常很快补好。但在越冬过后和夏末秋初,蜂群度过了寒冬和盛夏,随着蜜源、气候的改善,中蜂要进行2次大规模的咬脾。跟平时咬脾相比,这2次蜂群对巢脾的选择更严格,不光咬去不好的巢脾部分,有时连好脾也咬,咬掉后也不及时修复,要等待蜂群群势恢复而逐渐筑造。

防止中蜂咬脾的最根本措施是多用新脾,淘汰旧脾,把可能会被咬毁的旧脾和蜂巢中多余的巢脾及时清出来。中蜂的巢脾最好只用1年。要充分利用中蜂造脾力强的特点,多造新脾。另外,严防巢虫以及幼虫病害的发生也是防止中蜂咬脾的

必要措施。

此外,可根据中蜂在不同季节的咬脾特点采取针对性措施加以预防。例如,夏末季节,中蜂常会大片咬脾,对巢脾的要求苛刻,此时应尽量采用当年造的新脾,把其他的脾分批提出,使蜂群高度密集,并把蜂巢布置成半球形,便于蜂群护脾。而在冬末春初,气温低,蜂群为了保温,往往把蜂巢中心咬成圆球形空洞,咬下的大量蜡屑积存箱底成为巢虫的繁殖场所。可以预先将巢脾下部割成倒凹形,使蜂巢形成和圆形空洞相似的形状,凹度大小随蜂量而定,这样可以防止咬脾。

各个蜂群的咬脾行为强弱不一,所以通过选育,可以选育出咬脾性弱的中蜂品种。而比较不爱咬脾的蜂群,一般生产性能都比较好。

把各种预防措施和选种工作结合起来,经过长期耐心驯化,中蜂咬脾行为是能逐步改善的。

(4)工蜂产卵的处理。中蜂失王后,蜂群内又没有合适的幼虫供培育蜂王用,蜂群内很容易出现工蜂产卵的现象。工蜂产的都是未受精卵,只能培育出体形小的雄蜂。发生工蜂产卵的蜂群,工作怠懈,秩序混乱,蜂群群势迅速下降,若不及时处理,全群即告覆灭。

箱外观察可以发现工蜂产卵群出入巢门的工蜂稀少,而且不带花粉回巢,工蜂背部发黑显得瘦小。开箱检查,可见箱内工蜂慌乱、爱蜇人、巢脾很轻,箱内贮存的饲料明显比正常蜂群少,花粉缺少,找不到蜂王和王台,可以看到少数工蜂把腹部伸到巢房内作产卵状,其周围并有侍卫蜂守护。工蜂产卵毫无规则,有的一房多卵,而有的巢房空着。产的卵在巢房内东倒西歪,甚至有的卵产在房壁上。工蜂产卵时间较长的蜂群,一律都封上了凸起的雄蜂房盖,甚至已有体形小的雄蜂出房。

中蜂失王后,很容易出现工蜂产卵,所以平时检查蜂群时,要经常注意蜂群是否失王,如果失王,要及时诱入蜂王或成熟王台。也可以从其他蜂群调入卵虫脾,供其改造王台。

对已经出现产卵工蜂的蜂群要及时处理。因为工蜂产卵的时间越长,处理就越困难,造成的损失也就越大。可以采取诱入蜂王或合并到有王群的方法处理工蜂产卵群。如果工蜂产卵的时间不长,蜂群尚有相当的群势,而且蜂群处于发展期,在流蜜期到来之前还可能发展成壮群、又有储备的蜂王,就可以采用诱入蜂王的方法,不然就只能用合并的方法来解决。倘若工蜂产卵时间较长,群势很弱,工蜂已相当衰老,这样的蜂群干脆淘汰。因为这种蜂群诱入蜂王或合并到有王群都很难成功。

181 中蜂无框养殖有哪些关键技术?

无框养蜂属于传统养蜂的范畴,它是我国养蜂以来的蜜蜂文化和习俗,经过数千年的发展，形成了独特的饲养方式，更接近蜂群的自然生活方式，蜂病要少于活框养蜂，具有一定的科学性。因此无框养蜂在很多地方大量存在。无框饲养用圆形蜂桶、方形蜂桶、木箱、荆篓等作巢。

以神农架林区传统养蜂为例：神农架林区的中华蜜蜂属于华中型，在海拔400～2 500米都能饲养。利用圆桶、方形木箱或笼屉式蜂箱，采取自然巢脾、自然分蜂、定地饲养和强群采蜜的管理措施。

（1）蜂箱。选用质地坚实、无异味的木材，以漆树、泡桐树、椿树、紫杉树等，制造成圆桶形（图41）、长方形（图42）传统蜂箱或笼屉式蜂箱，中间插入十字形木条，作为脾的附着点。禁刷油漆。不用时，新蜂箱须揭开蜂盖，置于室外干净处放置半月，再用艾叶熏至箱内变黄黑后放于干燥通风处。旧蜂箱须内外用毛刷清洗或用刀具清理，除去脏物和昆虫，放于干燥通风处。使用前，采用蒸煮方法进行消毒，即将蜂箱等蜂具置于锅中，密封煮沸20～30分钟，或者采取酒精灯火焰灼烧消毒。消毒后自然晾干。检查蜂箱内外有无缝隙，对缝隙处用特制泥巴进行填补抹平。泥巴材料为黄泥∶草木灰∶盐＝

图41　圆桶形蜂桶

图42　长方形蜂箱

2∶1∶0.01，加水揉成面团状。将修补好、干燥后的蜂箱用艾草再进行熏蒸。方法是蜂桶置于片石上，将点燃的艾草置于底部，盖上箱盖，熏蒸2小时左右，至箱内充满艾草味道。

（2）饲养管理。

分蜂期管理。5月中下旬为分蜂时间。蜂群内部产生自然王台，工蜂出勤减少，蜂王产卵量急剧下降，并由蜂王带走部分蜜蜂离开原蜂群。

一要利用强群分蜂。根据生产实践，分蜂季节及时检查蜂群，如果蜂群弱小，发现王台封盖，即用消毒过的尖锐刀具将幼王杀死，不使其长成，控制弱群分蜂。如果群势强壮,查看王台情况,记录王台数量、位置,以及封盖、出房时间,一般在封盖6天后工蜂清除房盖蜂蜡,王台顶端颜色变深则预示新王将出;新王羽化前2天蜂群发生分蜂繁殖,随时收捕,另置饲养,即利用强群分蜂扩大生产。

分蜂一般发生在晴暖天气上午9—12时,先分出工蜂绕着蜂箱打圈飞,待蜂王爬出巢门便一起飞离原蜂巢,10分钟左右就聚焦在附近屋檐下,或攀附在树枝上,2～3小时内寻觅到合适营巢生活的地方,便举群飞去。

二要收捕分蜂群。近距离诱捕分蜂群的工具有收蜂台和收蜂架。

收蜂台是由直立、高1.0～1.5米的1根木桩(木桩比蜂箱高1米)上面钉1块30厘米厚的方木板组成。分蜂季节,将收蜂台放置在蜂箱前方20～30厘米处,并在木板上涂抹一些蜡渣,吸引中蜂前往聚焦。

收蜂架呈板条形,用4～5根直径8～10厘米的木料,排列成距地面50～60厘米的条架,分蜂季节,放置在中蜂飞行方向上,距蜂巢30厘米处,上置旧蜂箱(桶),蜂箱上涂抹蜂蜡,分出的中蜂群会直飞入箱中。

三要对新分群进行管理。新收蜂群应补喂糖浆,蜂蜜与水比例为2∶1,每天傍晚250毫升,连续饲喂3天。在喂蜂时观察食物消耗情况、是否造脾、是否采集、是否消除蜡渣,以此判断蜂王是否收回、繁殖是否正常,对无王分蜂群应导入一个成熟王台,或进行合并。

日常管理。

一要观察。每天进行箱外观察,了解蜂群是否采集正常、工蜂颜色新旧、雄蜂数量增减,以及巢虫、蚂蚁等危害情况,如果出现异常情况,就须从箱底或开箱深入了解子脾、工蜂护脾、蜂王产卵和造脾情况。

二要清扫。除冬季外,在正常情况下每隔5～7天(夏季炎热间隔稍长),在晴天中午,倾斜蜂桶暴露箱底,查看蜂情,清扫底板杂物,刮去残留蜡渣、害虫茧衣等,并集中销毁。

三要用艾叶熏蜂。3月中旬蜂群开始繁殖,在晴暖(气温15℃以上)中午清扫蜂桶底板的同时用艾叶烟熏巢1次,每次烟熏3～5分钟,持续3～4次。气温低于15℃不再熏蜂。

四要对失王群进行处理。采取合并、导入王台或蜂王的措施。

生产期管理。蜂群长大,蜜源丰富,蜜汁装满蜂桶,即可割蜜,一年1～2次。如果蜂溢箱、蜜满桶,可在原来蜂桶上叠加蜂桶,类似活框饲养加继箱,但两桶之间不加隔王板。

一要确定取蜜群。蜂箱上部蜜房全部封盖、下部蜂巢有1/3以上造出新脾的即可确定为取蜜群。

二要确定割蜜时间。一般选在6—10月蜜源开花集中季节,割蜜作业应在晴天早上或傍晚进行。

三要赶蜂割蜜。驱蜂使用艾叶烟熏,从上向下驱赶蜂群,待上部工蜂全部转移到蜂桶下部时,用启刮刀慢慢开启盖板,用割蜜铲沿蜂箱内壁四周向下切割使蜜脾与箱板分离,取出带蜜巢脾。取蜜深度一般为 12～20 厘米,不宜过多,防止伤害子脾,一定要保留粉房和留足越冬饲料。

四要整理蜂巢。对割蜜区边缘老脾、周边蜜脾残渣彻底清除,然后换箱或倒箱(桶)。

五要换箱。换箱宜在傍晚取蜜,操作要轻、快、稳、准。把取完蜜清理过的箱(桶)移出原位,先将处理好的同一规格新蜂箱(桶)放置原位,打开巢门,再将老箱口与新箱口对接,上盖板留一条缝进行烟熏,同时轻敲老箱,观察王的动向,老箱已无蜂王,蜂王及大部分蜂爬进新箱后,拿开老箱,刷出剩余中蜂,迅速盖上盖板,移走老蜂箱至 100 米以外,2 小时后观察蜂群情况。

六要倒箱。换箱 5～7 天待巢脾完全长好后倒箱。倒箱前揭开上盖板熏蜂观察,再次清理老脾及垃圾,最后将蜂箱(桶)轻轻倒过来盖好,用草木灰和百草浆调合成黏合物,封闭箱盖缝隙。

 182 **中蜂良种繁育有哪些关键技术?**

(1)选择最佳季节。蜂王的产卵、分蜂一般都在春末夏初,4—5 月培养蜂王最为理想。此时,山花烂漫,蜜源丰富,新老王交替完毕,外界气温稳定在 20℃以上,箱内子脾大、群势强、新蜂多、出勤积极,蜂王的优缺点比较容易显现,便于择优淘劣。

(2)注重遗传性能。遗传性能以分蜂性、产蜜量、抗病能力、恋巢性最为关键,具体表现为能否成大群、产蜜量是否高、是否爱逃群、是否易产雄蜂卵。工蜂体形大、腹部黄环明显者,造脾能力强,新脾面积大;蜂王产卵可以持续 2 年左右,一直可以保存利用到自然交替为止;产蜜量高,终年保持 6～8 框群势的强群等;其子代能保留其优良性状的是好品种。

(3)天然王台育王。实践证明,中蜂的天然王台优于人工王台。在一个育王群中,天然王台的数量不能太多,以选留 4～5 个位置适宜的为好,新王出台前 2 天,组织交尾群进行分蜂,交尾群由 1～2 张子脾、蜜粉脾组成,要蜂多于脾,这样有助于新王提早交尾和产卵。工蜂兴奋,出勤积极,很快成为强群。这时,很有可能当第 1 批新王产卵之后,接着又产生第 2 次分蜂,直到全场老旧蜂王全部更换为止,蜂场也就呈现出一派欣欣向荣的景象。

(4)优良自然环境。中蜂处女王交尾与自然环境是不可分割的,一个安静的环境可以避免新王迷巢,并且能有效地保存种群的优势。中蜂交尾的放置应以散放为主,处女王交尾则宜选择野外,把交尾群安放在有特定标志的大树底下、飞行线路良好的地方,以提高成功率。育王场地最忌放在大水塘、大水库附近,要求避风向阳,防蜻蜓、燕子、马蜂之类敌害的侵袭,以免交尾失王,造成损失。交尾初产期,不要开箱检查,以保持安静。

(5)保持强群优势。蜂群的群势也是人工育王的一个关键因素,只有蜂群的势力强大,才能培育出功能出色的蜂王。蜂群强势有几个方面,那就是蜂群中没有发病蜂,而且是各种年龄的中蜂都存在,并且保证全部是健康的才可以。

183 中蜂天敌防控有哪些有效措施?

(1)蜡螟(图43)。

防治方法:①经常清除蜂箱内的残渣蜡屑,保持蜂群卫生,清除陈旧巢脾。②饲养强群,保持蜂多于脾,对弱群作适当合并,增强对巢虫的抵抗力。③及时进行人工清除或抖落蜜蜂,将巢脾用药物熏治,杀灭巢虫。④贮存的巢脾密闭保存,定期用药熏杀。常用的药物有二硫化碳、冰醋酸和硫黄。

图 43 蜡螟

(2)胡蜂(图44)。别名马蜂、黄蜂等,为杂食性昆虫,在夏、秋季节捕食中蜂。

防治方法:①管好巢门,降低巢门高度至7毫米以下,增加巢门宽度,阻止胡蜂进巢。②人工扑杀,当发现胡蜂危害时,用丝状竹片击毙胡蜂。发现胡蜂

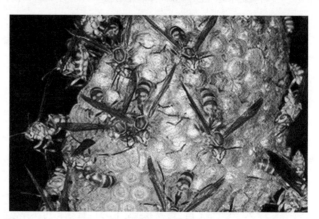

图 44 胡蜂

巢穴时,可在夜间用蘸有敌敌畏等农药的布条或棉花塞入巢穴,杀死胡蜂。③人工诱杀,用15%的糖水和砷酸盐混合,调成乳状,置于盘碟,引诱胡蜂取食,将其毒死;用粘蝇纸,置于箱盖上,黏结扑来的胡蜂。④诱杀胡蜂器,胡蜂诱捕器由桶体、单向进蜂道、蜜蜂逃生孔(仅能让中蜂逃出)、液体容器和其上的格栅阻隔片(阻止进入的昆虫接触液体诱饵)组成,大小为20厘米×15厘米。装置悬挂于蜂箱周边,液体容器盛装食醋、糖水等诱食剂,引诱胡蜂通过单向进蜂通道进入贮蜂桶内,因

格栅阻隔片间隙小,闯入者无法取食,最后中蜂会从逃生孔顺利逃出诱捕器,而胡蜂困死于器内。替代品——饮料瓶,在其中间穿插十字形木条,周开直径 0.5～0.7 厘米的圆孔,内装 1/3 糖水,或加入 1/4 的酒、醋混合物,最后将其挂在蜂场,招引胡蜂进入采食并溺毙,误入的中蜂可从周开小孔中逃离。

(3)蚂蚁。蜂箱不放在枯草上,清除蜂场周围的烂木和杂草。将蜂箱置于木桩上,在木桩周围涂上凡士林、沥青等黏性物,可防止蚂蚁上蜂箱。

(4)蟾蜍。铲除蜂场周围的杂草,垫高蜂箱,使蟾蜍无法接近巢门捕捉中蜂。黄昏或傍晚到箱前查看,尤其是阴雨天气,用捕虫网逮住蟾蜍,放生野外。

(5)蜘蛛。在蜂场附近发现蛛网,及时清除。

(6)天蛾。降低巢门高度,利用杀虫灯诱杀成蛾或人工扑杀。另外,及时从蜂巢中取出死蛾。

(7)金龟子。降低巢门高度,阻挡其进巢。

(8)蜂麻蝇。在巢门附近抓取体色苍白、飞翔无力的中蜂,打开胸腔查看,发现肉红色蠕虫即可判定为蜂麻蝇幼虫。在蜂箱盖上放置盛水白瓷盘,引诱成虫溺水死亡;及时清除病蜂和死蜂,集中销毁。

(9)啄木鸟。冬季蜂群排泄前后要加紧防范;蜂箱摆放不要过于暴露,不宜过高;采用坚硬木料制作蜂箱。如在神农架的中蜂桶利用纸板、编织袋包裹,能起到很好的保护作用。

184 中蜂病害防治有哪些关键技术?

(1)营养不良。主要症状表现为幼虫营养不良,其形干瘦无光泽,严重者死亡并被工蜂拖弃;成年蜂营养不良会早衰、幼蜂消化不良等。防治方法有以下几种:

把蜂群及时运到蜜源丰富的地方放养,或补充饲料,在生产蜂蜜季节要保留 2 个封盖蜜脾供蜂食用,中蜂活动季节要根据蜂数和饲料等具体情况来繁殖蜂群,保持蜂多于脾,并保持巢温的稳定,夏季注意对蜂群遮蔽,补充水分。

植物泌蜜结束撤出多余巢脾,保持蜂多于脾,适当补充营养糖浆。

蜂群一旦得病,喂糖浆时适当加入一些复合维生素、山楂、人参、蜂王浆等营养品,有助于恢复健康。

(2)应激反应。温度骤变、饲喂不当、剧烈震动、开箱检查、运输蜂群、取蜜作业等原因,都会刺激蜂群产生不适反应,如蜂体色异常、幼虫变形等。

预防措施:早春应当依据中蜂自然繁殖时间,不过早管理,低温繁殖需要工蜂密集,等新蜂出房再少量饲喂。预防蜂蜇采取喷水驯服,少用喷烟。干旱季节为巢穴补充水分,运输蜂群应夜晚进行,尽量缩短行程和时间,运输前适当控制繁殖。制造合适的蜂箱和选择优良的放蜂场地,为中蜂创造良好的生活环境,减少干扰蜂群的次数、时间和范围。喂糖要适量,保温处置应简易,巢脾常更新,保持巢穴湿度。

防治方法有以下几种:

弃子。由于刺激反应,出现蜂王、工蜂异常,可关王断子、更换蜂王或为蜂群导入王台,割除子脾,保持蜂多于脾,重新繁殖。

调子。将生病蜂群的子脾割除,从健康蜂群调进正在出房或即将出房的子脾,保持蜂巢内蜂多于脾。蜂病控制后,再伺机换王。另外,抽出子脾喷水至蜂体(脾)湿润,隔天 1 次,温度高时每天 2 ~ 3 次,连续 3 天,对发病较轻蜂群有效。

药物治疗。首先割除子脾,每一蜂群采用元胡 20 克粉碎,用食醋浸泡 12 小时,然后加水煎煮 5 ~ 10 分钟,过滤汤药,加水再煎煮,重复 3 次,将 4 次汤药合并。每天取 1 / 5,加入氯苯那敏 1 片,傍晚提出巢脾,喷雾中蜂至湿润,连续用药 5 次。

需要注意的是,蜂群因刺激出现不良反应时,喂糖应小心,过度采酿食物会加重病情。及时转移场地至环境、蜜源好的地方,对因热、闷而受伤害的蜂群恢复元气更有利。

(3)中蜂囊状幼虫病(图 45)。病虫是主要传染源,通过工蜂的饲喂活动传播至健虫。早春及初冬,被感染的工蜂则是传染源。传染是经口进行,病毒随食物进入幼虫体内。每当气候变化大,温湿度不稳定,蜂群又处于繁殖期时容易发病,但发病高峰期一般从当年 10 月至翌年的 3 月,以当年 11—12 月及翌年 2 月下旬至 3 月为最高峰,4—9 月通常病害下降,夏季常自愈。温度低,温差大,蜂群保温差,易发病,特别是早春寒流袭击后,病害发展更为迅速。患病 6 天大幼虫死亡,30% 死于封盖前,70% 死于封盖后,发病初期出现"花子",接着即可在脾面上出现"尖头",抽出后可见不甚明显的囊状,体色由珍珠白变黄,继而变褐、黑褐色。封盖的病虫房盖下陷、穿孔。虫尸干后不翘,无臭,无黏性,易清除。防治方法有以下几种:

选育抗病品种。

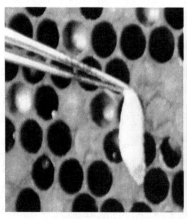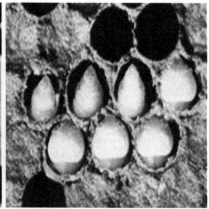

图 45　中蜂囊状幼虫病

适时换王。针对 2 个高峰期适时换王,特别是中蜂,换王也是生产上的需要。断子,箱内缺少寄主,切断传染的循环,减少主要传染源。体内带毒工蜂无虫可育,出巢采集,新出房的工蜂因群内无病虫,无须清除病虫,不会受到感染,在哺育下一批新王产卵孵化的幼虫时不成为传染媒介。通常新蜂王生命力强,带病也少。

加强管理。保温以减小群内温度变化的幅度,非繁殖期可幽王断子,群内留足饲料,使幼虫发育正常,取蜜劳作要快、轻、稳,减轻幼虫受温湿度影响及机械损伤程度。

185 中蜂饲养管理中的特殊方法和技巧?

(1)中蜂的四季管理技巧。中蜂的四季管理可以归纳为"春保温喂蜜粉加板蓝根选新王扩大蜂群,夏散热清巢虫保持温饱安蜂心,秋生产育新王求强群获高产,冬蜜足好休息"。

中蜂的春季管理。

一是快速繁蜂。用稻草把蜂箱周围全部包裹,同时把巢门改到拇指大小,巢门要开在远离蜂群处,即暖巢门。把蜂箱内多余的脾取走并清理箱底蜡渣以防因为保温而生巢虫,1 个月清理 1 次,然后用隔板围住蜂群以保温。晴天里一次性喂足蜜粉,每张脾上保有三指宽左右的蜜。最好是用天然花粉或者用鸭蛋黄晒干成粉或者用牛奶粉兑豆奶粉 1∶1 再兑蜜水拌成泥状喂。按照此法繁殖的速度要比自然群快 1 倍。

二是防治中囊病。①在每次喂糖的时候 1 群蜂喂 1 ～ 2 小包的板蓝根。②已经发病的群马上用碘酒 6 滴加 6 颗吗啉胍兑 0.5 千克蜜水喷蜂脾及蜂箱周围,然后用同样的药物蜜水喂每群 0.5 千克。2 ～ 3 天重复 1 次,最多 3 次,1 周病就好了。也可能过段时间又复发,到那时就换王。

三是自然分蜂与扩大规模。根据经验确定分蜂时间,分蜂前半月蜂王产卵特别多,此时把王的翅膀右边剪掉 2/3,以使蜂王即使分出来也飞不远,便于收蜂,甚至可以在此群旁边 4 米内放 1 个用蜡熏过的干净蜂箱,这样分出来的蜂通常会直接进入蜂箱里。

把分出群收入箱里后马上加 1 张有子的脾使蜜蜂迅速安静和生产繁殖,同时奖励饲喂 0.5 千克白糖的浓糖浆,便当晚可造 1 张脾并产上卵。

分出群通常在 1 ～ 3 个西蜂标准框,如果是小于 1 框的群就喂足 0.5 千克白糖,半月以后再开箱检查。少惊动又有充足的蜜,其发展就快。

分蜂期通常蜜源都很好,所以基本是不需要喂,但是小群需要适当的补充,这个时期最重要的是在脾的中间加空巢框以强迫工蜂造脾。中蜂王的特性就是喜欢在没有造好的新脾上产卵,这样有了卵后的半成脾很快造好,这叫蜂王强迫工蜂造脾,待新脾造了一半又可以加第二张,如此下去,到6月便可以把3月分出的一框蜂发展到8框左右。

对于已经分出第一群的蜂群可能还会分第二次,所以应该立即检查其王台数量,如果不想继续分蜂就只留1个又大又长又正的台,待其出房后就形成新群。当蜂群发展到4框以上最好是8框以上时,把一即将出房的王台放进去就形成双王群了,双王群的优势就是最低16框通常18~20框,到流蜜期前1个月,关1只王就可以高产了,1次可以取蜜15~30千克。而且可以有很强的抵抗巢虫的能力,基本不会有巢虫危害。

中蜂的夏季管理。

一是散热除闷。夏天群势一般都是10~16框,只要集中在14框左右,就可以在空出的地方放水和喂蜜,也利于蜂群歇凉和换气。如果是20框的箱更利于蜂群越夏。当然也可以加继箱,蜂放在下面,蜜和水放在上面,可以明显听到蜂群扇风的声音要小得多也就说明凉快得多了,这就是热天蜂王喜欢在脾的下部分产卵而冷天喜欢在上部分产卵的规律的具体应用了。

二是保湿驱虫。夏天是巢虫高发期。所以要经常用水泼箱的周围,并且每周把水倒入箱内,作用是把巢虫淋湿和把蜡渣冲出箱外,利于清洁和驱巢虫。

三是保持温饱。中蜂缺蜜通常就是飞逃,所以在6月初的最后一个蜜源时扣王1周,让大量工蜂采集储蜜(扣王期间会有王台出现但是放王后自然被杀或者形成双王),10框群要留10千克蜜左右。当然也可以不限制产量,就会大量繁殖而储蜜只有5千克左右,到了7月下旬便剩余25千克左右,需要2天内喂足2.5千克白糖,这时蜂群又会适当地产卵但是不会扩大群势。到8月初稻谷大量开花,蜂群大量采集谷粉,所以需要1天内喂足2.5千克白糖,立即就会看到蜂王大量产卵。到了9月初蜂群可以从夏天的10框扩大到12框并进入五倍子花期,半月左右便可以取蜜每群10千克。这个过程就是要使蜂群保持在温饱线上,才能使其安心发展。

四是保持安静和紧脾。夏天特别需要保持蜂群的安静,不可经常检查而惊扰它,原因是蜂群缺蜜又闷热,蜂的心情本来不好,不动它还不会出事,一动就飞逃。所以除了每周或者半月的清洗外,基本不要动它,清洗过程也尽量不要检查蜂脾,只要看边上的2张脾有没有巢虫和蜜就可以了。如果蜜不足就一次喂足;如果有巢虫就把感染的脾提走让蜂密集,脾少后蜂会自动散到蜂箱壁和底板上歇凉,利于清理渣滓和防巢虫。

中蜂的秋季管理。

一是培养大量采集蜂抓生产。五倍子花期的时候,一般单王在12框群,双王在16框群,取蜜之后会有20多天的休息期,可以迅速扩大2框,如果更大群就会分蜂。所以要控制分蜂的最好方法就是取蜜和换王，在这 20 天内换新王就绝对不会分蜂了。20 天后又继续有大蜜源的火烧花和千里光及秋桂花。这时候到了 10 月蜂群不发展保持在原来的样子可以尽量取蜜。

二是培育秋王祛除分蜂热。五倍子花期或结束后，会有部分蜂群出现王台，有的是分蜂，有的是更换老王，但是只要用剪掉蜂王翅膀的方法处理就一切安好。分出来的群把剪掉翅膀的王杀死会自动回到原群继续生产，新王出来后就不再分，秋天分蜂通常只有 1 次。新王出来后蜂群还会有所增长，也可以任蜂自然分出，所以还可以用秋王扩大蜂场规模。不要用人工王，尽量用自然王，长期使用自然王会使基因得到很好的保留，这是物种的天性使用。培养双王群加快繁殖以谋得丰收，当新王产卵正常后马上放入王台就自然形成双王。培育蜂王的另一种方法：把 3 框有卵的脾与其他脾之间放入 2～3 个空巢框使得蜂王不能到这 3 框里产卵，工蜂就会在这 3 框上造几个王台，而另一边的七八框蜂继续有王产卵，中间的两三个空框又继续有工蜂造新脾，当新王出房后 3 个空框基本造好，自然形成双王同群。这样既培养了新王又不影响老王繁殖还可以继续造新脾和正常的采集。

三是做好秋繁工作以求来年迅速强群。时间宜早不宜迟。秋天以后就是温度下降的时候，繁殖将越来越少，因此秋繁实际是在夏末开始的，只有夏末大群了秋天才有蜂来繁殖，也唯有大群繁殖才好，特别是秋后的温度变化大，大群有很好的调节能力和适应能力。群势宜大不宜小。湖北秋天自然分蜂群都在 4 框左右，经过 9 月下旬到 10 月底 40 多天的繁殖可以发展到 8 框，这说明物种在自然选择上有自己的分寸，而秋繁的基本群应该 4 框左右甚至更高发展才好。如果大群出现分蜂热，换王即可。秋繁大群来年春繁好，大群春繁早、抗环境变化能力强、人工保温后作用大、抚育蜂多，王健康、子健康等。

四是适当保温稳定箱内温度获得更大的群。秋季进入温度变化大的时候保温可以适当地延长繁殖期和扩大繁殖量。例如用隔板分成冷区和暖区或者减少脾使蜂密集或者包装箱外等。

中蜂的冬季管理。

一是适度保温。在秋末就要用稻草适当地把箱底和周围包上，到了 1 月开繁时可以加大包装以更温暖。

二是保持安静。放在安静的地方后包装，有太阳、热的时候可以出来采集而冷的时候则休息。如果惊动它们，会吃饱蜜后消化不了而飞出来运动被冻死。

三是留足蜜糖。最低 1 群 6 框蜂要有 5 千克蜜，原则是以多点为好。但是中间部分不能有蜜而是让蜂休息的。

(2)令中蜂多产蜂蜜的方法和技巧。

及时更换蜂王。蜂王质量的好坏直接关系到蜂群势力的发展，蜂群繁殖速度快时,它的产蜜量就高,不及时更换蜂王,老蜂王的产卵量低,蜂群发展慢,蜂蜜也不会高产。最好的办法就是在每年春天时为蜂群更换新的高质量蜂王。

加强工蜂培育。在春天大量流蜜期到来以前,让蜂群中出三代工蜂,让它们及时投入到采蜜工作当中去。具体方法就是让蜂王在早春时节多产卵,在外界蜜源不足的情况下,及时进行人工喂养,保证蜂王营养的供给。

饲料中加白酒。工蜂在外出采蜜时对外界天气的变化特别敏感,外界温度一变低,它们就会不工作,不外出采蜜,蜂蜜的产量也会减少,这时可以在喂食蜜蜂时在饲料中加入 3 ~ 4 滴白酒,这样工蜂对气温的敏感度就会下降,在气温低时也会外出工作,可以达到中蜂多产蜜的目的。

(3)防止中蜂逃群的方法和技巧。

平常要保持蜂群内有充足的饲料,缺蜜时应及时调蜜脾补充或饲喂补充。

当蜂群内出现异常断子时,应及时调幼虫脾补充。

平常保持群内蜂脾比例为 1 : 1,使蜜蜂密集。

注意防治蜜蜂病虫害。

采用无异味的木材制作蜂箱,新蜂箱用淘米水洗刷后使用。

蜂群摆放的场所应僻静、向阳遮阳,蟾蜍、蚂蚁等无法侵扰。

尽量减少人为惊扰蜂群。

蜂王剪翅或巢门加装隔王栅片。

五、农机农艺配套知识及技术

 什么是微型耕耘机？它由哪几部分组成？

（1）微型耕耘机（图46）简称微耕机，是指功率不大于7.5千瓦可以直接用驱动轮轴驱动旋转工作部件，主要用于水、旱田整地，田园管理等耕耘作业的机械。

（2）微耕机由发动机、变速箱、机架、工作装置等部件组成。

图46　微型耕耘机

 微型耕耘机作业质量应达到什么要求？

微型耕耘机的主要功能是对土壤进行耕整，对耕整作业质量要求如下：

一是作业后应满足农艺要求。二是耕深合格率≥80%。三是碎土率≥50%。四是耕后地表平整度（厘米）≤5%。五是漏耕率≤5%。

 微型耕耘机常见故障如何排除？

（1）启动困难。检查油箱是否还有燃油；低压和高压油路是否畅通；喷油嘴喷雾情况是否良好;检查供油时间是否正确;反冲式启动行程和用力是否到位。

（2）发动机工作"无力"，冒黑烟。检查燃油质量是否符合标准;检查燃油滤芯器是否堵塞，供油是否顺畅;配气机构、缸套、活塞及活塞环磨损是否严重;连杆瓦、活塞销铜套是否拉伤;检查供油时间是否正确。

（3）发动机工作冒蓝烟。检查曲轴箱机油是否过多。

（4）耕整后地面不平，坑洼多。旋耕刀具左右调换;检查旋耕刀片是否安装不正确;检查少数旋耕刀片是否磨损严重。

189 机动喷雾器如何分类？机动喷雾器如何选用？

（1）机动喷雾器的分类。按动力配置分为机动喷雾器、电动喷雾器。

按操作方式分为手提式喷雾器、手推式喷雾器、担架式喷雾器（图47）、背负式喷雾器（图48）。

图47　担架式机动喷雾器

图48　背负式机动喷雾器

（2）机动喷雾器选用原则。

一是可靠性要高。要求性能稳定，质量好，确保正常工作，保证及时防治。

二是雾化性能良好。雾化性能的好坏，决定着雾滴尺寸分布，关系着药液雾滴在植物丛中和靶区内的运动、穿透、附着、沉积、分布和飘失，直接影响防治效果。雾化性能是评价施药机械最为重要的指标。

要根据不同的作业选用不同的喷头。空心圆锥雾喷头主要适用于杀虫剂、杀菌剂的叶面喷洒；实心圆锥雾喷头适用于定点喷洒，如棉花苗期和顶芯部喷洒。喷洒除草剂时，大田全面处理（图49）应选择由多个标准扇形雾喷头组成的喷杆。条带处理应选择均匀扇形雾喷头。施药量少，雾滴要细，可选择气力喷头或离心喷头。

图49　大田田间作业

三是喷洒覆盖均匀、雾滴穿透性强和对靶性强。喷洒均匀性、雾滴在株冠丛中穿透性及对靶性，是评价机动喷雾器性能和田间喷洒质量的重要技术指标。在靶区内单位面积上的药液覆盖有一个适宜容量要求，少了会影响药液的覆盖和防治效果，多了造成药液流失，药液量过大甚至会产生药害。

四是工效高、速度快、防治及时、轻便省力。在保证喷洒质量的前提下，工效高、速度快、防治及时、轻便省力，是人们对机动喷雾器的普遍要求。

190 机动喷雾器作业质量应达到什么要求？

一般作业条件下，作业质量应达到表1的要求。在有雨，露水多，气温不在5～30℃以内，常规量喷雾风速大于3米/秒，低量喷雾和超低量喷雾风速大于2米/秒，超低量喷雾有上升气流的情况下，可在表1基础上进行调整。

表1　机动喷雾器作业质量要求

项目		作业质量要求		
		常规量喷雾	低量喷雾	超低量喷雾
药液覆盖率	非内吸性药剂	≥33%		
	杀虫剂		≥25%	
	内吸性杀菌剂		≥20%	≥10%
	杀菌剂 非内吸性杀菌剂		≥50%	
	内吸性除草剂		≥30%	
	除草剂 非内吸性除草剂		≥50%	
雾滴分布均匀性（变异系数）	手动喷雾器	≤30%	≤40%	
	机动喷雾器	≤50%	≤50%	≤70%
作物机械损伤率			≤1%	

191 机动喷雾器如何正确使用和保养？

（1）机动喷雾器的使用。

冬季启动。打开油箱开关和点火开关，将化油器阻风门关闭，将调速手柄开至1/2～3位置。先缓慢拉动启动绳几次，以便将汽油注入气缸内，然后用力迅速拉动启动绳。技术状态良好的汽油机只需1～2次即可启动，当发动机运转后将风门打开。

环境温度较高时启动。冷车启动时，阻风门关闭，其余条件同前即可。汽油机启动后要低速运转3～5分钟。热车启动时，阻风门关闭1/2或不关风门即可启动，当发动机运转后，将风门打开。

注意汽油机应低速运转3～5分钟，在此期间应检查汽油机各连接件有无松动、有无漏油、调速器有无失灵等现象。通过听诊检查汽油机有无敲击声、机件松旷响声和其他不正常响声。如果发现有不正常现象应立即停机检查排除故障。新机最初4小时工作应低速运转。严禁启动时骤然加大油门，以免机体产生不正常磨损和损坏。

停机。关小油门，逐渐卸去负荷，空载低速运转3～5分钟，使汽油机逐渐冷却；关闭熄火开关，切断点火线路，使汽油机停车。注意严禁在高速大负荷运转时急速停车，以免损坏机件。

（2）机动喷雾器的保养。要使汽油机工作可靠，减少零件磨损，延长使用寿命必须执行汽油机技术保养制度，技术保养分为每班次保养、50小时保养、100小时保养和500小时保养。

每班次保养。清理汽油机表面的油污、尘土等脏物；检查油管接头处是否漏油，各密封处是否漏气，运转是否正常，有问题要及时修好；检查外部紧固螺钉，松动的要拧紧，脱落的要补齐；保养后将汽油机放在干燥阴凉处用塑料布盖好，防止油污和灰尘弄脏，防止电器元件受潮，以免汽油机启动困难。

50 小时保养（工作 50 小时进行）。完成每班次保养的全部项目；拆开空气滤清器，用洗涤剂清洗泡沫滤芯后拧干，擦去滤清器盖内的油及灰尘，装泡沫滤芯及空滤器盖；清除火花塞积炭，检查调整电极间隙为 0.5 ～ 0.7 毫米，火花塞应跳蓝火花；卸下气缸盖，清除活塞顶部及燃烧室内积炭；活塞环积炭较多或胶结的，须清除环槽内的积炭；卸下启动器部件及点火器组件；拆下导风罩，清除风罩内部气缸盖和气缸体散热片间的灰尘和污物；拆下消声器，清除灰尘和污物及积炭。

192 机动喷雾器常见故障应如何排除？

（1）无法启动或者启动困难。

查看燃油箱内是否还有燃油，如果燃油不足，则加满燃油重新启动。

检查油路是否存在堵塞的情况，如果油路堵塞，则清洗油路，直至油路畅通。

查看燃油是否存在杂质，比如燃油中是否渗入了清水或者其他杂物，如果存在杂质，则应当采取更换燃油的措施。

检查气缸内进油是否存在多量的情况，若存在，则清洗干净火花塞。

检查火花塞的间隙是否过大或者过小，如果过大或者过小，则将间隙调整至要求的间隙即可。

查看电容器是否完好无损，如果电容器电线已经受损，则需要采取更换电线或者进行修复等措施。

查看白金是否烧损，或者白金上是否存在油污，如果已经烧损，则将烧损部位进行打磨，或者清除白金上的油污即可。

检查是否存在漏气等现象，如果存在，则更换垫圈或者采取其他措施。

如果曲轴箱两端自紧油封出现了较为严重的磨损现象，则应当更换；如果是主风阀未打开，则将主风阀打开。

（2）功率不足。

无法加速，功率不足。查看主量孔是否堵塞，如果堵塞，则对主量孔进行清洗。清洗完成之后，供油量增加，无法加速的现象就可以解决。

排烟很淡，喷管存在倒喷现象。查看消音器积炭或者混合汽是否存在严重稀少的现象，如果存在，则将消音器中的积炭清除干净，或者调整油针，让混合汽变稠。

电容器高压线损坏。修复高压线或者更换高压线，并加固。

运转不平稳。燃爆有异响：查看机动喷雾器的发动机是否经过长时间的工作而出现过热的现象,如果确实如此,则应当马上停机,让发动机自动冷却之后,再重新启动工作。

发动机突然熄火。一是查看燃油是否耗尽,如果耗尽,则添加燃油后就可正常启动;二是查看是否因火花塞积炭短路致使无法正常跳火,若因此,则清理完积炭后,重新启动即可正常使用了。

193 **什么是联合收割机?联合收割机如何进行分类?**

能一次性完成农作物切割、输送、脱粒、茎秆分离清选的机械叫联合收割机。

联合收割机按下列方式分类:

按喂入方式分为半喂入联合收割机(图50)、全喂入联合收割机(图51)。

按收割作物分为稻麦联合收割机、玉米联合收割机(图52)、棉花联合收割机、油菜联合收割机(图53)、花生联合收割机等。

图50 自走履带式半喂入稻麦联合收割机

图51 自走轮式全喂入稻麦联合收割机

图 52　自走轮式玉米联合收割机

图 53　自走履带式油菜联合收割机

按行走方式分为履带式联合收割机、轮式联合收割机。

按配套动力分为小型联合收割机（14.7 千瓦以下）（图 54）、大中型联合收割机（14.7 千瓦以上）。

图 54　自走履带手扶式联合收割机

194 联合收割机有什么特点？如何选型？

联合收割机使收割、脱粒与清选部件结合在一个整件中，能一次性完成收割、脱粒和清选。从而节省人力物力，提高劳力生产率，大大减轻了劳动强度和农民负担。

联合收割机选型，主要注意三点：

一是按农作物选型，即要收割水稻、麦子的，选择稻麦联合收割机；要收玉米的，选择玉米联合收割机等。也可选择稻麦联合收割舌，根据作业需要，换装玉米、油菜等割舌。

二是按作业地块大小选型。经常以山区、丘陵地区作业为主的，选择中小型联合收割机；经常以平原地区作业为主的，选择大中型联合收割机。

三是按收割质量要求选型。对作物收获要求清洁率高、损失率低、稻草需要回收利用的，选择半喂入式联合收割机；反之则选择全喂入式联合收割机。

195 联合收割机收割水稻作业质量应达到什么要求？

（1）作业条件。

收获应在水稻的蜡熟期或完熟期进行。

基本无自然脱粒，水稻不倒伏。

籽粒含水率为 15%～30%。

半喂入式联合收割机作业质量评定要求水稻自然高度为 550～1 100 毫米，穗幅差≤250 毫米。

（2）作业质量要求。

全喂入式损失率≤3.5%，半喂入式损失率≤2.5%。

全喂入式破碎率≤2.5%，半喂入式破碎率≤1.0%。

全喂入式含杂率≤2.5%，半喂入式含杂率≤2.0%（只有风扇清选无筛选机构的：全喂入式含杂率≤7.0%，半喂入式含杂率≤5.0%）。

茎秆切碎合格率≥90%（此项仅适用于有茎秆切碎机构的联合收割机）。

收获后地表状况：无漏割，地头、地边处理合理；割茬高度≤18 厘米（其中全喂入式联合收割机的割茬高度可根据当地农艺要求确定）。

籽粒无污染，地块和茎秆中无明显污染。

196 如何正确使用和保养联合收割机？

（1）联合收割机的使用。新机或保养后的收割机，必须进行试运转磨合。

发动机试运转。根据检修保养内容，决定冷、热运转磨合，检查机油压力表、机油温度表、水温表是否正常,有无漏油、渗水、异常响声。

行走试运转。可按1挡、2挡、3挡、倒挡顺序,分别左、右转弯,检查转向机构、制动器是否灵敏,离合器联锁机构是否可靠。

切割、脱粒、分离、卸粮等工作机构试运转,检查监测仪表的可靠性和灵敏性。

(2)联合收割机的保养。

联合收割机的清洁,清除机器上的颖壳、碎茎秆及其他附着物,及时润滑一切摩擦部位,外面的链条要清洗,用机油润滑。

发动机技术状态的检查,包括油压、油温、水温是否正常,发动机声音、燃油消耗是否正常等。

收割台的检查与调整,包括拨禾轮的转速和高度,割刀行程和切割间隙,搅龙与底面间隙及搅龙转速大小是否符合要求。

脱粒装置的检查,主要是滚筒转速凹板间隙应符合要求,转速较高,间隙较小,但不得造成籽粒破碎和滚筒堵塞现象。

分离装置和清选装置的检查,逐稿器的检查应以拧紧后曲轴转动灵活为宜,轴流滚筒式分离装置主要是看滚筒转动是否轻便、灵活、可靠。

其他项目检查。焊接件是否有裂痕,各类油、水是否洁净充足,紧固件是否牢固,转动部件运动是否灵活可靠,操纵装置是否灵活、准确、可靠,特别是液压操纵机构,使用时须准确无误。

197 玉米播种机如何分类?它由哪几部分组成?

玉米播种机(图55)是指以玉米种子为播种对象的种植机械。

(1)玉米免耕播种机的分类。按排种方式分为气力式播种机、勺轮式播种机、指夹式播种机等。

图55 玉米播种机

按悬挂方式分为牵引式播种机、悬挂式播种机。

按播种精度分为精量播种机、半精量播种机。

(2)玉米旋耕施肥播种机主要由机架、旋耕、施肥、播种、镇压等部分组成。

 198 **玉米播种机作业质量应达到什么要求？**

(1)作业条件。

地块平整,地表覆盖较为均匀,土壤含水率适宜种子发芽。

种子应符合 GB 4404.1—2008《粮食作物种子 第 1 部分:禾谷类》中规定的要求,播量符合当地农艺要求。

颗粒状化肥含水率不超过 12%,小结晶粉末状化肥含水率不超过 2%。

机手应按使用说明书规定的要求调整和使用玉米免耕播种机。

(2)作业质量要求。

条播种子机械破损率≤1.5%;机械式排种器精播机械破损率≤1.5%,气吸式排种器精播机械破损率≤1.0%。

播种深度合格率≥75%。

施肥深度合格率≥75%。

邻接行距合格率≥80%。

条播晾籽率≤3.0%,精播晾籽率≤1.5%。

条播播种均匀性变异系数≤45%。

条播断条率≤5.0%。

精播粒距合格率≥95%。

精播漏播率≤2.0%。

精播重播率≤2.0%。

地表覆盖变化率≤25%。

作业后地表状况:地表平整,镇压连续,无因堵塞造成的地表拖堆。无明显堆种、堆肥,无秸秆堆积,单幅重(漏)播宽度≤0.5 米。

 199 **什么是柑橘生产全程机械化技术？**

柑橘生产机械化是指在一个生产年度周期内,在橘树栽培管理及柑橘生产各项作业中,用机械代替人力操作的过程。

柑橘主要田间农作环节包括建园、中耕、开沟施肥、抽槽换土、剪枝、灌溉、病虫草害防控、采摘、分级、保鲜、运输等。现阶段生产过程所使用的机械主要包括橘园管理机械、喷滴灌设施、植保机械、分级保鲜机械和运输机械等。

柑橘生产区域多数在丘陵山区,又以梯田为主,田块较小,坡度大小不等,平整度差,并缺乏机耕路等作业道,柑橘果园机械一般采用方便移动的中小型机械和半机械化农机具。

200 橘园管理期间哪些机具适宜橘园机械化中耕?

橘园耕作的主要目的是翻耕和碎土,以优化土壤结构,改善土壤理化性状,将地面的杂草、残茬、肥料等埋入下层,覆盖后使其腐化,以提高土壤的质地,同时消灭病虫卵,防治病虫害,从而为柑橘的生产创造良好的立地条件。

高效橘园必须保证每年中耕 1 ~ 2 次,技术要求:耕深、耕宽应符合农艺要求且均匀一致,覆盖要好,以利消灭杂草和病虫害,碎土良好,使耕作层疏松,以改善土壤的物理、化学性状。

山区和田块较小柑橘园推荐采用微耕机作业(图 56),可以根据转场条件和作业条件选配适宜的机型,如 1WG-3.3 型田园管理机重量仅 15 千克,适合田间薅草;1WG-6.3 型汽油田园管理机重量在 35 千克左右,配套其他农机具还可以完成施肥、除草、植保等作业;而以 178F 型和 186F 型柴油机作动力的微耕机动力强劲、耕整幅度大且碎土较好,缺点是重量 60 千克以上,转场及调头困难,在坡度小于 5°的平整橘园推广较多。

图 56 小型橘园管理机

丘陵地区、田块平坦、较大橘园可以推广应用中耕机。比如 3ZG-20 型果园中耕机,与 18 千瓦轮式拖拉机配套,可以悬挂 1100 型旋耕机进行旋耕作业,适用于橘树行间中耕和果枝分布低及大树冠果树下的土壤耕作区松土、除草作业。为了适应果园以及大棚内作业,目前市场上推出了机身较小的瘦身版 804 拖拉机,可以悬挂 1400 型旋耕机、圆盘耙、三铧犁、开沟机等进入橘园实施中耕、碎土、开沟、除草等作业,效率高且效果好,缺点是只能在小于 5°的平缓果园和未封行的橘园作业,且调头难度大。

201 如何正确选用橘园开沟、施肥机具?

在果树管理上,施肥是一项作业量大、劳动强度大的作业。尤其是施用有机肥时,需要在每棵果树两侧、根系集中分布层稍远和稍深处,各挖一条连续或断续的、宽深都在 400 毫米左右的沟。人工作业非常困难,可采用开沟机作业(图 57)。

丘陵地区:中等行距、矮化密植果园、平坦果园、大面积果园开沟,可以用拖拉机配套开沟机。比如 1KGA-300 型果园开沟机,开沟机工作部件为卧锥螺旋型,采用拖拉机液压悬挂方式。由拖拉机动力输出轴传入动力,带动工作部件旋转,从而完成开沟作业。

山区果园:田块小,土质板结,适宜推广小型开沟机。比如 1KG-30 果园开沟机,以 178F 型或 186F 型柴油机作动力设计的前置式开沟机,其优点是增加了行走变速箱,在非工作时能较快到达工作目的地。另外,以 170F 或 165F 汽油机为动力的田园管理机可选装开沟犁,在完成了机械旋耕深翻后的果园进行开沟施肥作业。注意不论什么型号的开沟施肥机具以及其他田园管理机具,都必须满足转场及场内作业条件,严禁在坡度大于 15°的橘园作业,小型机具严禁在狭窄的梯田橘园内作业,防止机械倾覆伤人或损坏机具。

图 57　开沟机用于橘园抽槽

202 什么是橘园机械化修剪技术？需要注意哪些问题？

（1）橘树修剪机械。

整株几何修剪机。在拖拉机上安装可以上下升降、左右转动的外伸作业臂，臂端装液压驱动的切割器。根据切割器的类型不同，可分为往复割刀式修剪机、旋转刀盘式修剪机。

单枝修剪机具。包括各种手动修枝剪、高枝剪、折叠刀式锯、动力圆盘锯和动力链锯等。剪下的树枝放在柑橘树行间，使用专门的粉碎机切断后直接铺在行间地面或抛撒到柑橘树行覆盖在地表，起到保持水分、减少杂草和提高土壤生物活性等作用。

（2）单枝修剪机具注意事项。当前推广使用的以锂电池为动力的电动果枝剪可以大大降低劳动强度而深受橘农喜爱。在使用之前必须进行专门的培训，同时搞好必要的防护，严格按照安全操作规程来操作。

203 什么是橘园水肥一体化技术？有哪些优缺点？

水肥一体化技术是将灌溉与施肥融为一体的农业新技术，主要工作原理是借助压力灌溉系统，将可溶性固体肥料或液体肥料配兑而成的肥液与灌溉水一起，均匀、准确地输送到作物根部土壤。采用灌溉施肥技术，可按照作物生长需求，进行全生育期需求设计，把水分和养分定量、定时、按比例直接提供给作物。可适用于果树、蔬菜、经济作物以及温室大棚灌溉，在干旱缺水的地方也可用于大田作物灌溉。其不足之处是滴头易结垢和堵塞，因此应对水源进行严格的过滤处理。按管道的固定程度，滴灌可分固定式、半固定式和移动式三种类型。

固定式滴灌：其各级管道和滴头的位置在灌溉季节是固定的。其优点是操作简便、省工、省时，灌水效果好。

半固定式滴灌：其干、支管固定，毛管由人工移动。

移动式滴灌：其干、支、毛管均由人工移动，设备简单，较半固定式滴灌节省投资，但用工较多。

204 如何选用橘园除草机械？

橘园禁用除草剂之后，橘园除草就成为果农用工较多且劳动强度大的农事活动，使用机械除草可以达到事半功倍的效果。目前使用的除草机大致有三种，即甩刀式、圆盘式、往复式，其中最常用的是圆盘式，它具有结构简单、故障少、不易堵塞、效率高等优点，如机力 1.2 型牧草收割机、背负式除草割草机等。

140 型前（后）置双圆盘割草机（图 58）是为 12 马力手扶拖拉机配套的牧草收

割机,是定型产品。其主要工作部件是两个回转体,由刀盘、刀片、锥形送草盘、送草鼓等组成。

背负式割草机(图59)是以1.3马力的汽油机作动力的背负式割草机。由汽油机、机架、刀片、手把、动力传动软轴、护套等组成。同时可以选配锄草头、松土头和割草头而做到一机多用。结构简单,故障率小,效率高,灵活性好,适应性强,目前应用广泛。与之原理相同的还有铡挂式割草机,只是动力传动为直轴传动。

图58　140型前(后)置双圆盘割草机

3WG-4型小型田园管理机(图60)是以50～60毫升的汽油机为动力的一款小型旋耕机,既是耕地机械,又是施肥机械,还可以作为除草机械使用,是一种多功能的果园机械。

图59　背负式割草机

图60　3WG-4型小型田园管理机

9G-2型割草机适合于行间割草,本身不带动力。与18千瓦拖拉机配套,割幅为 2 米,每小时可割草 7 000 平方米。该机具适合于比较平坦的果园及还未封行的橘园。

205 橘园机械化运输主要有哪些设备？各有什么优缺点？

橘园田间运输主要包括农资等投入品运输和柑橘(产出品)的运输。坡度小于 5° 的平缓橘园,或者车辆通过条件好的橘园,可采用机动车进行相关运输作业。整体坡度较大的梯田或通过条件差的橘园,可选用双轨软索运输等设备设施进行相关运输作业。

双轨软索运输(图 61)。解决了山地果园的纵向运输问题,其运输轨道采用槽钢开口相对安装,以电机—卷扬机为动力源拖动软索牵引拖车。缺点是只能纵向运输,不能横向(等高线)运输,对地形地貌复杂的园区适应性较差。

图 61　橘园双轨软索运输

单轨运输(图 62)。主要由传动装置、离合装置、驱动总成、制动总成、单线轨道、运货斗车、随行轮和主机架等部分构成。创造性地把普通链轮的传动原理运用到机体与轨道的配置中,采用 12 马力柴油机为动力,具有稳定可靠地爬坡、转弯、前进、倒退以及随时制动等功能,运行速度为 0.7 ～ 1.2 米 / 秒,爬行坡度为 30°～40°。该机型具有结构紧凑、占地空间小、可操作性强、建造和运行成本低等特点,其成本较低,自配动力,能适应山区地貌且能纵横运输,轨道延伸到哪里就可以运输到哪里。

果园双轨运输。主要由柴油机、传动装置、离合装置、钢丝绳和轮对驱动系统、双刹车制动系统、拖车、防侧滑承重轮、防上跳钩轮、钢丝绳下弯自动回位钩桩装置、水平弯限位桩、双轨道、机架和自适应坡度拖车等组成。采用 12 马力柴油机为动力,能稳定实现爬坡、拐弯、前进、倒退以及随时制动的功能,具有结构紧凑、占地空间小、可操作性强、运行可靠等特点。

图62　橘园单轨运输

高空索道运输。完整的索道运输系统主要由电动机、卷扬机、差速器、承载索、牵引索、塔架和物料托盘(筐、箱)等组成,对地形地貌复杂的园区适应性较好。完整的索道系统投入较大,施工难度大,简化的索道系统投入小,实用,但存在安全隐患。

 橘园采摘机械化技术取得了哪些成就?

柑橘采摘机械的研发是个世界性难题,目前还没有成熟的机械和技术。西方农业机械发达国家柑橘采摘大多是借助移动式采摘平台或采摘梯作为作业平台,使用果剪和采收袋进行人工采果,只有少部分用于加工果汁的柑橘使用机械收获。

移动式采摘平台是在农用拖拉机和其他行走机械上装设有立柱和伸缩臂支撑的作业台,可将采摘人员升运到需要的工位去进行采摘,实现自动升降作业。伸缩臂由液压机构控制,可改变其长度和仰角。立柱下端装有摆动机构,可使立柱左右转动,从而改变作业台的位置和高度,并使作业台面始终与地面基本上保持平行。因要求作业场地平坦而在橘园推广受限。

为便于机械采摘柑橘,采摘前给果树喷施专用果实脱落剂,使柑橘在振摇下容易脱落。机械采收一般使用强风或强力振摇机械,迫使果实脱落,有的直接落在树下由人工捡拾,有的落在树下的传送带承接果实并送至与收获机械同步前进的运输车斗内。目前使用的强力振摇机械主要有树干振摇和树冠振摇两种形式。由于果品从空中落下会造成伤害,影响果品质量,不利于长期保鲜贮存,因而这种采果方法仅限于短期贮存即进行加工的柑橙之类。

207 茶园机械化生产对茶园有什么要求?

机械化生产茶园(图63)要求:平地、坡度15°以下缓坡地,单条或双条栽植,大行距1.5米,小行距0.33 ~ 0.40米,丛距0.2 ~ 0.3米;等高梯田,单条栽植梯面宽度不小于2.5米,双条栽植梯面宽度不小于4米;茶树高度应维持在0.6 ~ 0.8米,茶树行间冠面间距不小于0.3米;茶园内应有宽度不小于1.5米的机耕道。

图63 机械化生产茶园

208 茶园机械化耕整有哪些要求? 选择什么样的机械?

茶园行间既是耕作层又是作业道,土壤比较板结,耕整需要有足够动力,但茶园行间操作空间有限,要求机具轻便灵巧。大的动力需求和机具轻巧相矛盾。目前的解决方案是加强农机农艺融合,一是要加快标准茶园建设和老旧茶园改造升级的步伐,二是依赖机械技术的进步。

茶园机械化耕整的要求:一是适时耕整。根据不同茶园,按照茶叶种植的农艺要求,及时耕整。二是耕深适当,不同树龄、不同采摘要求的茶园有不同的耕深要求。一般幼龄茶园浅耕深度为4 ~ 7厘米,成龄茶园浅耕深度为8 ~ 12厘米。三是土块细碎、地面平整,不伤茶树和树根。四是不漏耕,出现漏耕,应多次重复作业。

机械选型。茶园耕整选用3.8 ~ 6.6千瓦微型耕耘机配套旋耕刀进行旋耕浅耕作业(图64),配套深耕锄进行旋耕深耕作业。茶园耕整作业时,应加装分禾器作业,保护茶树和机具。

图 64　茶园行间耕整

茶园机械化施肥有哪些要求？选择什么样的机械？

茶园施肥应以有机肥、茶叶专用肥为主，或者测土配方施肥，合理搭配氮、磷、钾及微量元素的施用比例。

适时施肥。根据茶树在不同季节的生长状况、采摘情况及时施肥。

精量施肥。既要满足茶树在不同生长时期的养分和微量元素的需求，又要防止因施肥过量而影响茶树生长，影响茶叶品质，造成肥料浪费。施肥均匀，深浅一致，覆盖严密。

机械选型。茶园施肥选用 3.8 ～ 6.6 千瓦微型耕耘机，配套旋耕刀、深耕锄进行。先将肥料均匀撒在茶园行间，然后通过旋耕、深耕的方式覆盖（图 65）。

图 65　机械化施肥

基肥宜选用 3.8 ～ 6.6 千瓦微型耕耘机配深耕锄,施肥深度在 15 ～ 20 厘米。

追肥宜选用 3.8 ～ 6.6 千瓦微型耕耘机配旋耕刀,施肥深度在 10 ～ 15 厘米。

对茶树根系尚未完全布满、土壤疏松的幼龄茶园,可以用 3.8 ～ 6.6 千瓦微型耕耘机配套施肥器进行施肥,施肥器可一次完成撒肥覆盖。

210 茶园机械化修剪有哪些要求? 选择什么样的机械?

(1)茶园机械化修剪技术要求。茶园机械化修剪(图 66)是改善茶树生长、提升茶叶品质,培养茶树树冠最重要的手段。包括定型修剪、轻修剪、深修剪、重修剪和台刈等方法。

图 66　机械化修剪

幼龄茶园修剪。栽植后第一次定型修剪高度离地 15 ～ 20 厘米,第二次定型修剪高度离地 25 ～ 30 厘米,第三次定型修剪高度离地 40 厘米。以后的修剪以每年比前一年提高修剪高度 50 厘米为宜。

成龄茶园修剪。生长健壮、未形成鸡爪枝、冠面比较整齐、树高在 80 厘米以下的成龄茶园,宜在春茶结束后即进行一次机械轻修剪,夏秋茶开始即可实行机械修剪和机械采摘配套作业。

衰老茶园修剪。树冠高低不平、已形成鸡爪枝层但中下部各级分枝健壮的茶园,采用深修剪机剪去树冠 10 厘米,适当留养,并通过系统的树冠修剪使树冠形成平整的采摘面;树高在 90 厘米以上或树势衰老但骨干枝健壮的茶园,须离地 30 ～ 40 厘米进行重修剪,重新培养树冠;树龄较大、树势衰败的茶园应通过台刈改造,重新培养树冠。

年间修剪。每次机械采摘后的 5 ～ 10 天内,要进行一次采摘面上突出枝叶的修剪;秋茶结束后,为维持茶树生长势,调节发芽密度,每年要进行一次轻修剪;每年进行茶行边缘修剪(修边),保持茶树行间冠面间距,以利通风透光、减少病虫害和机械作业。

(2)机械选型。

茶园轻修剪,根据操作人员通行条件选择单人修剪机或双人轻修剪机作业。

茶园深修剪,应选择双人深修剪机作业,也可采用单人修剪机多次修剪作业。

茶园重修剪,应选择双人重修剪机作业。

茶行边缘修剪(修边),宜选择单人修剪机作业。

台刈,宜选择背负式割灌机作业。

211 茶叶机械化采摘有哪些要求? 选择什么样的机械?

(1)基本要求。发芽整齐,生长势强,采摘面平整的茶园可实行机械采摘(图67)。适龄成熟茶园一年可采摘 4 ～ 6 次。实施机械化采摘的茶园应该加强茶园管理。一是培养优化树冠,形成良好的采摘面。二是清理茶园,及时清理茶树采摘面的枯枝、杂草及其他杂物,保持茶园干净整洁。

图 67　机械化采摘

(2)机械选型。目前市场上的采茶机品种型号很多,应选择无铅汽油或蓄电池的采茶机,防止污染。

按操作人数分有双人采茶机和单人采茶机,双人采茶机为担架式,两人操作,一个人辅助,特点是生产效率高,采摘后的采摘面平整整齐,但对茶园通行条件、操作人员间的配合有较高的要求。单人采茶机为背负式,只需一人操作,特点是操作灵活,适合零星茶园、通行条件欠佳茶园使用。

按动力来分有汽油机、蓄电池两种。汽油机发动机的采茶机的特点是动力强劲,缺点是噪音大、振动大、发动机有热气,操作劳动强度大,容易造成污染。蓄电池式的采茶机能够克服这些缺点,使用成本也低于汽油发动机。

 茶叶修剪机(采摘机)如何选型和配置?

茶叶修剪机(采摘机)的选型要根据茶园地貌条件与树冠形状来选择。零星山地茶园选用单人茶叶修剪机(采摘机)(图68);平地、缓坡条栽茶园选用双人茶叶修剪机(采摘机)(图69)。弧形树冠选用弧形茶叶修剪机(采摘机);平形树冠选用平形茶叶修剪机(采摘机)。采摘机的选型要与修剪机相配套(表2、表3)。

图 68 单人茶叶修剪机

图 69 双人茶叶修剪机

表 2 修剪机的配置

机型	工效/667 平方米·小时$^{-1}$	年承担作业面积/667 平方米
单人	0.5	30
双人	2	100
轮式重修	2	400
圆盘台刈	0.4	200

表 3 采摘机的配置

机型	工效/667 平方米·小时$^{-1}$	年承担作业面积/667 平方米
单人	0.5	25
双人	1.5	70

 茶叶修剪机(采摘机)如何正确使用与保养?

(1)茶叶修剪机(采摘机)的使用。

茶叶修剪机(采摘机)(图70、图71)使用前要熟读使用说明书。熟悉机械结构、性能,掌握开关程序、刀片间隙调整、注意事项等操作要领。

机动茶叶修剪机(采摘机)一般配备二冲程汽油机,须使用混合油。混合油必须用90号车用汽油与二冲程专用机油配制,要混匀后使用。为延长汽油机的使用寿命,使用的最初20小时,汽油和机油的容积比为20:1,20小时后为25:1。

启动前先按几次手油泵,使燃油进入化油器,把空气排出,再把油门打开1/3~1/2,适当关闭风门,用力按住汽油机,拉动启动绳。启动后,打开阻风门,逐渐加大油门开始工作。停机时,先将油门置于低速位置,然后关闭汽油机。

汽油机不能在高速运转时骤然停车,以防机件损坏。

图70　单人茶叶采摘机

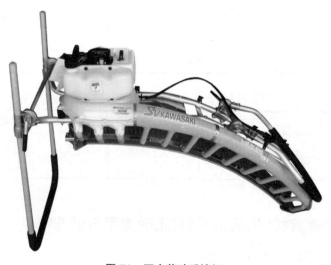

图71　双人茶叶采摘机

使用双人机操作时,应根据人的高矮和茶树的高低,将把手调节到最佳位置。

作业时要注意人、机安全。机手与辅助人员要密切配合。机具非作业时要关小油门,停止刀片运转,以防伤人。要高度注意茶树上的金属及坚硬物体,应在平时或事前清除,以免损坏刀具。

(2)茶叶修剪机(采摘机)的保养。

机具在使用前、使用后都要对各部件进行严格检查。如发现机件损坏和紧固件松动、脱落,应及时更换与调整。不允许机具带病或缺件作业。

刀片每工作 1 ～ 2 小时要用机油润滑 1 次。每使用 20 ～ 30 小时,给齿轮箱加注 ZFG-2 复合钙基润滑脂 1 次。

修剪机最大的剪枝直径应不超过 10 毫米。作业中如剪到较粗的树枝或异物,感到机具声音异常,振动较大,应迅速关机,再排除异物。

每工作 50 小时要用清洗剂或洗衣粉清洗空气滤芯器海绵,挤干,晒干。每工作 150 小时后清除火花塞积炭;每工作 3 个月后更换燃油过滤器 1 次;刀片磨损、刀锋变钝,要修磨刀刃。如果刀片断裂,要更换。

每天使用后,要清洗机体。用清水净去刀片上的茶叶,擦干后注入机油。

机具长期停放,应清除机体表面灰尘、杂物,放出油箱燃油,拆下火花塞,清除积炭,向缸内注入几滴清洁机油。装上火花塞,包装好置放干燥处。

214 新垦茶园如何实现机械化作业?

(1)技术要求。在新建茶园时应该充分考虑农机农艺相融合,统筹兼顾,通过合理的农艺技术提高茶叶品质和产量,通过先进的机械化技术提高劳动生产率,降低劳动强度,使茶农通过茶园机械化实现收入增长。

科学选址。新垦茶园应选择在平地、坡度在 15°以下的缓坡或梯田,土壤肥沃,酸碱度适宜。

科学规划。一是种植规格,种植的行距、株距及种植密度要科学合理,能够满足机械化作业的要求。二是茶园内应设置机耕道路,便于机械通行和物资运输等。三是预留灌溉水源及管道,便于干旱时期茶园灌溉。地下水位过高或低洼积水的茶园,应修排水沟,降低水位、排除积水。遮阴树、防风林、水源及排水沟的设置不能影响机械通行和操作。

正确选择品种。新垦茶园采用适宜本地生长的优良种,保证茶叶地方特色和茶叶品质,使茶园采摘期基本一致,便于机械化作业。

(2)机具选择。新建茶园的机具由土地平整机械、开沟机、起垄机械、移栽机械组成。

用推土机、挖掘机进行土地平整、老茶树挖掘。新植茶树苗时,可以使用微型耕耘机配套开沟器进行开沟,能够节省大量劳动力,提高劳动效率,同时也可以充分满足茶树种植的农艺要求。

215 高山大宗蔬菜种类有哪些?哪些生产环节机械化技术相对成熟?

所谓高山蔬菜是指在高山(海拔1200米以上)和半高山(海拔800～1200米,又称二高山)可耕地,利用夏季自然冷凉气候条件生产的夏秋季上市的天然错季节(又称反季节)商品蔬菜。除传统的马铃薯(土豆)外,高山以萝卜、大白菜、结球甘蓝等喜冷凉的十字花科蔬菜为主,半高山以辣椒、番茄、四季豆等喜温作物为主。目前山区蔬菜生产过程中,农田耕整、起垄、植保、果蔬清洗、冷藏保鲜等环节,机械化技术逐渐相对成熟。

216 山区常用耕整地机械有哪些种类?选购时应考虑哪些因素?

山区可机耕地(坡度≤25°)多为缓坡地,地块小,形状不规则,尤其是高山地区,因冬季要经历冻土过程,解冻后土壤疏松,极易发生水土流失,一般不允许连片开垦,因此大中型机械适应性受限,以小微型耕整地机械为主,尤其是微型耕耘机(微耕机),以其体积小、重量轻、操作简单、适应性强、价格低廉等特点,在山区得到广泛应用。

常用微型耕耘机按所配动力分为柴油机和汽油机动力,按动力切断方式分为皮带张紧轮式离合装置、摩擦片式离合装置、牙嵌式离合装置和离心式离合装置,按变速箱是否带有转向离合装置分为有转向和无转向。与手扶拖拉机不同,其基本特征是采用行走和旋耕同轴驱动的结构模式,其原理是利用旋耕刀的旋转产生行走驱动力,同时利用阻力棒增加行驶阻力,让旋耕刀与耕地之间产生相对滑移切割土壤,达到旋耕目的。

目前市场上流行的基本上有四种结构类型,第一种是以柴油机为动力、皮带张紧轮式离合器、变速箱带转向离合装置的田园管理机(也称其为"微耕机",图72),该种机型速度挡位较多,有的还带有副变速,能更好地适应不同的作业需求,转向操作较为轻便,功能较为齐全,配上相应农具可实现旋耕、开沟、起垄、覆膜等多项作业。第二种是以柴油机或汽油机为动力、湿式摩擦片式离合器、无转向装置两挡变速箱的微型耕耘机(图73),该种机型结构简单、价格低廉,主要用于耕整地作业,其他功能效果欠佳,有待改进。第三种是以汽油机为动力、牙嵌式离合器、无转向装置两挡变速箱的微型耕耘机(图74),该种机型结构更为简单轻便、价格低廉,主要用于旋耕作业。第四种是以立轴式汽油机为动力、离心式离合器、无转向装置、无挡位减速箱的微型耕耘机(图75),该种机型操作简单轻便,没有专门的离合和挡位操作手柄,当油门加大,汽油机转速升高,离心式离合器自动结合,微型耕耘机开始工作;减小油门到一定程度,动力自动切断。

选购时首先是选择具有售后服务能力的经销企业购买,其次是选择正规生产厂家的合格产品。具体机型选择应考虑以下几个方面的因素:一是作业需求,若所种植的作物需要大量起垄作业,建议优先考虑上述第一种机型;二是经济因素,根据自己的购买能力合理选购,主要考虑购置成本,一般情况下可忽略柴油和汽油消耗成本差异,因季节限制作业时间并不长,柴油消耗成本稍低,但柴油机维修成本稍高,两相互抵差别甚微;三是体力因素,若操作人员是体力较弱的年长者或妇女,建议选购后三种便于启动、机身轻便的汽油机动力机型。

图 72

图 73

图 74

图 75

217 种植蔬菜对整地有什么要求?微型耕耘机作业时应怎样调整和操作?

高山蔬菜基地田块为利于排水,在开沟整厢时一般选择自上而下垂直作畦的方式,对于较大面积坡地,为减少水土流失,应在坡面上下方向每隔 20～50 米(据不同坡度而定,坡度越大,沟坎越需密集)沿水平 45°角开挖 40 厘米左右宽的导水沟,并在下方借原土修筑 40 厘米以上高度的土坎,形成坡面排水体系(图 76)。

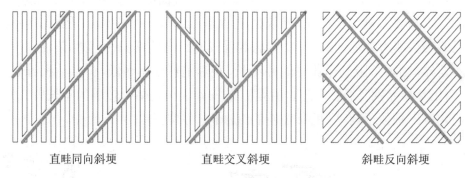

直畦同向斜埂　　　直畦交叉斜埂　　　斜畦反向斜埂

图 76　不同生物埂坎方式

蔬菜种植对耕地深度的要求,要针对当地的土壤特性、作物种类、气候条件、耕地时间等因素综合考量(图 77)。一般对于高海拔的灰色土壤可略浅耕,对于黏性重的土壤应该深耕;浅根系作物可以浅耕,深根系作物宜深耕,如种植结球甘蓝的田块略浅耕,种植大白菜的田块宜中等深耕,而种植白萝卜的田块应深耕。耕整后的土层应疏松透气,无明显坷垃。

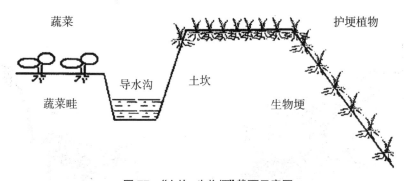

图 77　"土坎+生物埂"截面示意图

微型耕耘机阻力棒(杆)高度要根据工作情况进行调整,正式作业前先试耕,以合理调整阻力棒高度,尽量保持机身水平,防止因机身过度倾斜,导致发动机润滑不良而损坏(图 78);调整扶手高度,以操作舒适为宜(图 79)。

耕作深度的调整,因其结构和工作原理不同于手扶拖拉机,没有专门的调节机构,耕深取决于行进速度和刀轴转速的比例。对于同一地块(土质、硬度相同),当刀轴转速较高(高速挡)而行进速度较慢时,耕作深度较深,反之则较浅。这就需要操作人员通过下压扶手的力度,控制阻力棒阻力来实现耕深调节。

图78 机身倾斜度过大示意

图79 阻力棒及扶手高度调整适度

常用果蔬清洗机有哪几种？选购和使用中应注意些什么？

　　果蔬清洗机的种类较多，按其清洗原理分为刷辊洗涤、水流冲洗、超声气泡清洗、喷淋洗涤等方式；按清洗流程分为连续式清洗和间歇式批量清洗。为了提高清洗效果，根据不同的清洗对象，常将几种洗涤方式综合运用：水流冲洗＋气泡清洗＋喷淋漂洗，连续式水浴气泡清洗机（图80）利用气泡爆裂及水流冲击去除污物，对物料损伤较小，常用于水果、果菜、叶菜的清洗；刷辊洗涤＋喷淋洗涤，连续式喷淋刷辊清洗机（图81）利用刷辊带动物料翻滚刷洗去污，对较顽固的泥土污物去除能力较强，常用于块根、肉质根类蔬菜的清洗。连续式清洗进料和出料不间断连续进行，效率较高；间歇式批量清洗，间歇式水浴刷辊清洗机（图82）是按机器容量批量进料，清洗过程结束后出料，清洗质量容易控制，效果更好。

图80 连续式水浴气泡清洗机

图81　连续式喷淋刷辊清洗机

图82　间歇式水浴刷辊清洗机

选购时应根据清洗对象的商品化要求和产量的多少，结合品种（有些品种不宜水洗，如土豆）性状及污物特点，在充分了解机器性能、作业效率、适应性的基础上合理选择。蔬菜种植基地因清洗量大，常采用连续式清洗机。使用中应注意以下几点：一是要注意机器保养，经常检查电路（包括接地线）连接是否牢靠，各润滑点润滑是否良好；二是要注意电路及传动机构防水防潮；三是要注意使用的电源电压要正常，过高和过低的电压都会导致电机过热而烧毁；四是喂料要连续而均匀，水量要充足，确保作业效率和清洗效果，超量喂料会导致清洗效果变差，甚至堵塞机器致使超负荷运转而损坏。

219 蔬菜保鲜常用冷库有哪几种？不同种类蔬菜预冷要求有哪些？选购安装应注意些什么？

机械预冷是利用冷库将整理好的商品蔬菜从初始温度迅速降低到适宜保鲜温度范围的处理方法，是冷藏、气调保鲜前的快速冷却工序，以迅速减缓生鲜蔬果生理活动（延缓衰老），抑制真菌等微生物繁衍，达到延长保鲜期的目的，是高山蔬菜在贮藏、运输过程中减少损失的一项重要措施。蔬菜冷藏保鲜所使用的冷库属高温冷库，设计温度在$-2 \sim 8℃$，通常冷藏间保持库温 $2 \sim 4℃$，具体温度应根据蔬菜品种不同要求而设定。

冷库是经适当设计的隔热库房，常采用拼装组合式结构（图83），借助机械制冷系统将库内热量传送到库外，使库内温度降低，并保持在一定的范围内，以适应产品冷藏需要。按制冷原理不同，机械制冷分为真空预冷和常规制冷剂制冷两种，简单地说真空预冷属直接冷却，制冷剂制冷属间接冷却。

真空预冷设备（图84）主要由保温真空槽、真空系统（由真空泵及管路系统组成）、水汽捕捉器（用于"吸附"空气中的水分）、制冷系统（为水汽捕捉器提供冷源）

和控制系统组成。真空预冷是把新鲜果蔬放在密闭的真空槽（库房）中，利用真空泵迅速抽出其中的空气，随着库内压力持续降低，果蔬表面及纤维间隙中水分加速蒸发，直接带走果蔬热量降温（直接冷却），同时中心水分向物表输送，使其内部降温。该冷却方式是从外表面到组织内部同时进行的均匀冷却，几乎同时达到所需低温，是目前世界最先进的保鲜技术之一。对表面积相对较大的叶菜类蔬菜特别适用；但对于表皮致密、内部水分不易排除的瓜果类蔬菜（如西红柿、黄瓜等）冷却效果欠佳。与其他冷却方法相比较，具有如下特点：

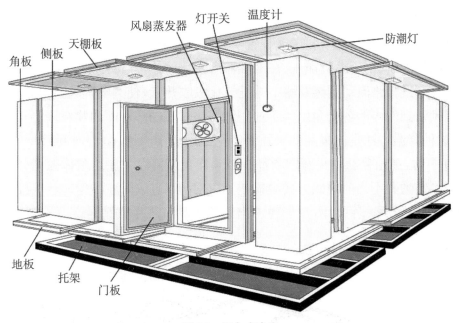

图 83　组合式冷库

图 84　真空预冷机

（1）降温速度快，果蔬从常温冷却到 0℃ 左右仅需 20 ～ 30 分钟。

(2)冷却均匀，果蔬中心与表面温差小，不受包装(塑料薄膜包装需要打孔)和堆码方式的限制。

(3)干耗少，真空冷却的失水率一般在3%～5%，不会引起影响外观的萎蔫现象。

(4)表面干爽，保鲜时间长，可做到无须进冷藏库就直接运输。

但因真空槽密封要求高，并要承受很大的大气压力，导致真空预冷设备造价较高，初始投资大，常用于进入恒温冷库前的预冷处理。

按制冷剂的不同，常规制冷剂制冷机组分为氟利昂制冷机组(氟机)和氨制冷机组(氨机)两种，其工作原理相同(图85)。其组成类似于家用空调机组，主要由保温库房、压缩机、冷凝器、蒸发器、送风装置及控制系统组成。压缩机和冷凝器安装在库房外(室外机)，蒸发器和送风装置安装在库房内(室内机)；制冷剂灌装在密封的管路系统内，利用压缩机加压，在冷凝器中液化放热，并将热量在库外释放；液化了的制冷剂经管路流动到蒸发器中减压气化吸收热量，使蒸发器降温，利用送风装置将冷风吹到库内的各个角落，通过空气的热对流循环对库内物料降温(间接冷却)。这种降温方法是由果蔬外表面到组织内部逐步渗透，降温时间长，一般需要6～10小时，高山夏秋季果蔬常须经3～4次反复降温才能达到体内充分降温的效果。包装物和不当的堆码方式会影响空气对流，造成降温不均匀。但投资相对较小，常作为恒温冷库使用，用于暂不出库的商品蔬菜冷藏保鲜。

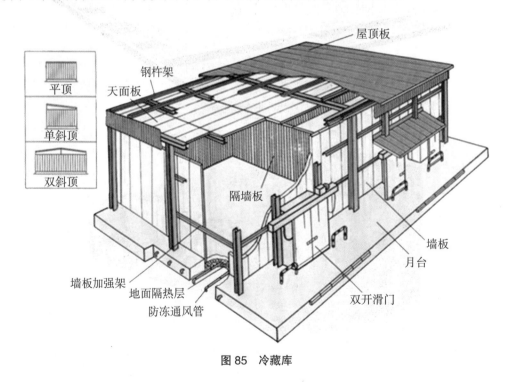

图85　冷藏库

不同种类蔬菜预冷要求：

（1）根菜类蔬菜如白萝卜、胡萝卜冷藏温度不能过低或过高，一般设置在0℃为宜，温度过低会造成不同程度的冻伤，遇高温会迅速腐烂；温度设置过高，萝卜体内温度达不到保鲜要求（芯部温度 3 ～ 4℃为宜）。采用真空预冷 30 分钟，氟机制冷 10 小时，氨机制冷 8 小时均可达到保鲜要求。

（2）叶菜类蔬菜如大白菜、结球甘蓝的预冷要求与萝卜差不多，一般设置在0℃为宜，温度过低会造成冻伤，但在出库时看不出冻伤程度，遇高温会迅速腐烂；温度设置过高，大白菜体内温度达不到保鲜要求（芯部温度 3 ～ 4℃为宜），出库后遇高温会加重病害侵染而发病，加速叶片萎蔫发黄，降低品质。不同制冷方式的预冷时间与萝卜要求相同。

（3）豆类蔬菜如高山菜豆、豌豆不耐低温，以 5℃预冷为宜，预冷温度低于 0℃时会受冻害而腐烂变质；而温度超过 5℃时，耐长途运输能力变差。采用竹木包装箱或是塑料包装箱的产品，在 5℃条件下真空预冷 25 分钟，氟机制冷 7 小时，氨机制冷 5 小时都能达到预冷效果。

（4）花菜类蔬菜主要有花菜和青花菜，预冷温度以 1℃为宜，冷藏温度过低会冻坏致密的花球，一遇高温就会腐烂；温度过高会使产品变黄、老化、腐烂，达不到保鲜效果。真空预冷 25 分钟，氟机制冷 8 小时，氨机制冷 5 小时均能达到保鲜要求。

以上预冷时间会因预冷前果蔬的初始温度的不同而变化，具体应以达到预冷要求的温度为准。

选购、安装和使用应注意以下几个方面：一是根据当地蔬菜品种和生产规模选择合适的制冷方式和库容；二是选择几家技术实力雄厚的生产企业询价，说明用途，提出技术要求，结合自身经济实力和发展规划，确定采购对象；三是与制造商签订采购合同和安装合同，验收时应试验检测技术指标是否达标，检查技术文件（使用说明书、合格证、操作规范、保养手册、三包服务卡等）是否完整；四是同步培训操作人员，熟练掌握操作规范和保养流程。使用中应严格遵循适用范围，严格按照规范操作，严格按流程保养。

220 农机田间作业有何安全操作技巧？

（1）田间作业前认真检查农机具的性能。农机田间作业前，农机操作人员必须认真仔细检查农机具，诸如拖拉机、犁、耙、旋耕机，最好做一次全方位的体检，发现问题并解决问题，即维护保养和检修，使农机具在良好的性能状况下投入生产作业，保证优质、高效、安全、低耗的生产目的。

（2）勘测作业环境，判断行进路线。拖拉机作为田间作业的主要工具之一，对作业环境的依赖程度相当大。平坦、坡度缓、土质条件松软的田间环境，有利于提高拖拉机作业效率。此外，拖拉机在田间作业转移，一般依靠田埂、水沟或水渠等，在转移的行进过程中,应该切断旋耕机的动力功能,再用低速缓慢通过。如果遇到田埂高或者又宽又深的水沟、水渠,要事先人为挖低、填平或者搭建桥梁,确认安全后通过,防止农机事故发生。

(3)加强地头田尾的安全防范。地头田尾是拖拉机等农机事故的多发地区。因此拖拉机在田间作业掉头转弯时,行进速度要慢,同时不要使用尾轮踏板的方向急转弯,否则很容易导致翻车事故。

(4)熟练掌握技巧,做到防患于未然。拖拉机操作人员必须熟练掌握操作技巧,把可能发生的安全事故防患于未然。拖拉机操作人员在田间作业时,使用乘坐尾轮踏板帮助掉头时,掉头角度不宜过大,这样可以有效防止操作人员的脚与旋耕机犁刀相触碰而导致受伤。

(5)熟练掌握排除隐患的方法。操作人员在驾驶拖拉机作业时,如果发生翻车或陷车事故,千万不要加大油门猛冲,此时应该把拖拉机车轮下方的泥浆挖出,垫以木板或石块,保证路面相对平稳,然后将拖拉机开出。此外,如果旋耕机的犁刀轴被田间的杂草缠绕,无法转动时,应该先将发动机熄火,再将杂物清除,防止事故发生。

 221 **耕整机如何安全操作?**

按照机具使用说明书的要求进行维护保养,必须保持耕整机的技术状态完好,离合、转向、制动等机构灵敏、有效、可靠,决不让农田耕作机械"带病"作业。

作业前,先熟悉作业区域内的道路、桥梁、沟埂及田间障碍物等情况,做好相应的安全措施。腰上、手上、脖子上不要挂毛巾或带子之类的物品,如果不遵守会有被卷入机器或造成摔倒的可能。

发动机启动时,挡位必须置于空挡位置,启动时脚不能随意踏在机身或刀具上。作业中,做到人不离机,坚守工作岗位。需要临时保养、调整、清除杂草、更换刀具时,要停机熄火后才能进行。

在坡地上,严禁陡坡横向作业,以免造成农田耕作机械倾翻。通过田埂和沟坎时,必须先将机器熄火,再用人力移动。如果发生安全事故时切记要先保人后顾机。

使用倒挡时,必须将挡位置于空挡位置,左手握住离合器手柄,右手握住倒挡手柄,集中精力,重心下移,并查看后方情况,做好后退的准备,然后用小油门,缓慢放开离合器手柄,进行倒挡操作。应特别注意的是新机手在不熟悉机具性能时,切勿使用倒挡。

发生柴油机"飞车"(转速突然剧增,排气管连续冒大股浓烟,不受油门控制)时,要立即采用停止供油、按下减压、封闭进气管等措施强制熄火。熄火后必须查明原因,排除故障才能继续作业。

发生翻车或水田作业进水后，要立即熄火，排除缸套和进气通道的水分，更换油底壳机油，并确认机器技术状态正常后才能继续作业。

驾驶途中严禁载人，下坡严禁溜空挡滑行。夜间无照明设备、过度疲劳、生病、饮酒后不得操作耕整机。严禁挂接拖斗搞运输作业，在过公路或在公路上行驶时，严禁使用破坏公路的行走装置，要严格遵守《中华人民共和国道路交通安全法》。

未经培训的人员不得操作农田耕作机械，同时严禁把农田耕作机械交给未经培训的人员使用。如果不遵守就可能会导致机器损坏、人员伤亡事故发生。

未成年人、无民事行为能力的人不得操作使用耕整机。

新的或经过大修后的耕整机，必须先按技术规定进行试运转，然后再转入正常负荷运转，确定机具正常后才能下田作业。

 茶叶修剪机需要掌握的安全使用技术有哪些？

（1）熟读随机使用说明书。使用前，要认真熟读随机使用说明书，并熟悉机械结构和性能，掌握开关机程序、刀片间隙调整、注意事项以及操作要领。

（2）燃料要求。机具使用 90 号汽油与二冲程汽油机专用机油，并按 25∶1（新机具最初 20 小时为 20∶1）的容积比配制，混合均匀后使用。不允许使用代用汽油与机油或改变汽油与机油的配比。

（3）注油操作。

燃料装在专用容器内，在无烟火的安全场所保存。严禁烟火，特别在注油作业时，不能吸烟，应该在通风良好的场所或室外进行。

运行中的汽油机需要注油时，应停止汽油机工作，待冷却后注油。若燃料不小心进入眼睛，应立即用清水冲洗，仍有异感请联系医生检查。

注油时，将油箱盖周围擦干净，防止异物进入箱内。同时，注油时应小心，勿让油溢出，燃料如溢出应用布擦干，加好后拧紧油箱盖。

燃料应加到油箱的 80% 左右，太满容易溢出。注油后，应离开加油地点 3 米以上才能再启动汽油机。

（4）各装置作用和调整方法。

油门开关。调整汽油机的转速，将油门开关慢慢地从低速位置移动到高速位置，汽油机转速上升，由于离心力的作用带动离合器从动盘，刀片开始运动。

操作开关。操作开关用于主机手抬手把和副机手抬手把的角度调整，将装在操作轴上的开关向上方拉，将手把调整到适合作业姿势的位置时，把开关向下方拉，此时手把锁紧，调整结束。

滑动螺母。滑动螺母用于调整副机手抬手把的伸缩。将螺母向逆时针方向转1/4 圈，手把伸缩，调整到容易作业的位置，调整好后，务必按顺时针方向将滑动螺母锁紧。由于采用了快速偏心锁紧装置,所以当手把套入后,滑动螺母的总活动量不超过 1/2 圈,请不要过多转动,以免损坏螺纹。

汽油机的启动与停止。汽油机使用前必须进行检查,并应将作业机安放在平坦、稳定的场所确认周围安全时才能进行。

启动方法:将汽油机停车开关置于"ON"侧,按动 3~4 次油箱泵,见到燃料从油管溢出。将风门开关置于全关位置,油门开关置于低速和高速位置的中间。按住汽油机,握住启动器拉手,拉动启动绳,使汽油机开始运转,慢慢将风门开关置于全开位置。

停止方法:将汽油机油门开关置于低速位置,再将停车开关置于"OFF"侧。

燃料应在没有用完时补给,易于下次启动。休息和作业停止时,汽油机应水平放置,斜放会使油箱盖进入燃料,引起漏油。

(5)停机。停机时,先将油门置于低速位置,然后关闭汽油机。注意汽油机不能在低速运转时进行修剪作业,也不能在高速运转时突然停机,以防机件损坏。

(6)调整。使用双人修剪机进行作业时,应根据人的高矮和茶树行的高、宽度,将机具把手调节到最佳位置,再行机剪。

223 电动农机具如何安全使用?

电动农机包括以电力作为驱动力的所有农业机械,如电动拖拉机、电动微耕机、电动割草机、电动抽水机、电动脱粒机、电动碾米机、电动榨油机、电动粉碎机、电动膨化机、电动潜水泵等,其安全使用事项有如下几点:一是要安装接地装置。电动农机的金属外壳,必须要有可靠的接零和接地保护装置,即将农机具的金属外壳与大地可靠地连接。二是合理安装供电线路。电动农机的供电线路必须按照用电规则安装,不可乱拉乱接。如果电动农机离电源较远,就应在电动农机附近安装熔断器和双联刀闸开关,以便在发生故障时,迅速切断电源。三是移动电动农机必须事先关掉电源,严禁带电移动。四是不能带电检修。电动农机发生故障后,必须断电检修,同时必须悬挂"禁止合闸"等警告牌,或者派专人看守,以防有人将刀闸合上,造成维修人员触电事故。五是安装漏电保护装置。在发生故障时,漏电保护器与接零和接地保护互为补充,进行双重保护,避免电气火灾,使触电者迅速脱离危险。六是使用长期未用和受潮的电动农机时,应在投入正常作业前进行试运行和通电,驱除潮气。七是使用中要特别注意对电动农机进行除尘保洁。八是电动农机操作人员要增强安全观念,使用前要进行安全使用培训,并且要认真阅读使用说明书,严格执行操作规程。在操作时,应穿绝缘鞋,不要用手和湿布擦电动农机设备,不要在电动农机的电线上悬挂衣物。

224 背负式喷雾喷粉机需要掌握哪些安全使用常识？

安全使用背负式喷雾喷粉机，必须注意人身安全、机器安全，防止中毒，产生药害。

（1）人身安全。

机手操作前必须戴好口罩及穿好防护服，口罩须经常换洗。

在田间作业时，应带毛巾、肥皂，随时洗脸洗手，漱口，擦洗着药处。

背机时间不要过长，避免背机人长期处于药物环境中，吸不到新鲜空气，使用长薄膜喷管时中间严禁站人。

发现有中毒症状时，应立即停止操作，求医诊治，千万不能掉以轻心。

避开中午高温，最好在早上和下午凉爽无风的情况下进行，这样可减少农药的挥发和飘移，提高防治效果。

作业时要根据方向而定，喷口方向顺风喷洒。

严格按照农药的使用说明及农艺要求进行施药，严禁使用本机喷洒不允许作喷雾喷粉作业用的剧毒农药。

当有助手帮助搭起机器时，助手严禁站在启动轮一侧，防止启动轮在旋转中绞到助手的衣服或伤害助手的身体造成伤害事故。热机停放时，人要远离机具，预防烫伤；若喷粉，启动时粉门操纵杆应放在最低位格，否则启动时药剂就从喷头喷出，喷头前不要站人，即使粉门关闭，也要防备喷管内存有的残药被风吹出来。

（2）机器安全。严禁烟火，不要在机器旁点火和吸烟。添加燃油必须停机待机体冷却后，在周围没有火源的地方进行。加油时不得将油溢出，加完油后，应将机具移到另一个地方方可启动，以确保机器安全。

六、农村能源与生态循环农业知识及技术

225 什么是农村能源？

农村能源指农村地区的能源供应与消费，涉及农村地区工农业生产和农村生活多个方面。主要包括农村地区能源资源的开发利用、农村生产和生活能源的节约等。农村能源的开发主要包括薪柴、作物秸秆、人畜粪便等生物质能（包括制取沼气和直接燃烧），以及太阳能、风能、小水电、小窑煤和地热能等。农村能源的节约则主要包括省柴节煤炉（灶、炕）、农业机械节能、农产品加工节能等。

226 产生沼气的原理是什么？主要成分有哪些？

沼气产生的原理：沼气是有机物质在隔绝空气和保持一定水分、温度、酸碱度等条件下，经过多种微生物（统称沼气细菌）的分解而产生的。沼气细菌分解有机物质产生沼气的过程，叫沼气发酵。由于这种气体最初是在沼泽、湖泊、池塘中发现的，所以人们叫它沼气。

沼气的成分：沼气是一种可燃的混合气体，它的主要成分是甲烷，其次有二氧化碳、硫化氢、氮气及其他一些成分。沼气的组成中，可燃成分包括甲烷、硫化氢、一氧化碳和重烃等气体；不可燃成分包括二氧化碳、氮和氨等气体。在沼气成分中甲烷含量为55%～70%、二氧化碳含量为28%～44%、硫化氢平均含量为0.034%。

227 沼气池发酵容积大小怎么计算？

沼气池容积的大小应根据建池户家庭人口多少、用气需求、养殖规模及发酵原料种类、料液在池内的滞留期等因素确定，同时还要考虑沼气发酵残留物的用途和用量。一般来说，农村四口之家，炊事燃料全部使用沼气，每天需要用沼气1.2立方米左右。常温发酵沼气池在发酵原料充足的条件下每立方米池容每天可产沼气0.15～0.25立方米，建8～10立方米沼气池就能供应三至六口之家的基本生活用能。如果是养殖专业户则须根据养殖规模来确定沼气池的建池容积。沼气池的容积选择有一个完整的系列，在国家农村户用沼气池标准图集中进行了详细的设定，建池农户应根据具体情况按标准选取，并与当地农村能源管理部门联系，请沼气专

业技术人员设计和施工。一般情况下,养猪存栏 50 头的,建池 30 立方米左右;50 ~ 100 头,建池 50 立方米左右;100 ~ 300 头,建池 100 立方米左右;300 ~ 1 000 头,建池 300 立方米左右;1 000 头以上,每增加 1 000 头约需增加 300 立方米容积。

 228 户用沼气池投入需要多少,需要准备哪些材料?

一般来说,建造一口 10 立方米的沼气池,投资在 3 000 ~ 4 000 元,使用寿命可达 20 年以上。全年产气 350 立方米,可供三至六口人的家庭 10 个月的生活用能。建池造价如下:建筑材料大约在 1 300 元,沼气灶具及配件大约 500 元,建池技术员工资 800 元左右,土方工程 1 000 元左右。

农户在建池前必须做好材料的准备工作,备料的种类、数量一般根据建池容积可由技术人员开出材料清单。以混凝土现浇 10 立方米沼气池为例,理论上所需建筑材料为 425 号水泥 1.5 吨左右,中沙 2.5 立方米,粒径 0.5 ~ 6.0 厘米的卵石或碎石 2.5 立方米,红砖 300 块。

 229 建造沼气池选址有什么要求?

农户兴建沼气池首先要确定好建池的位置,特别是建池技术员应根据建池户的具体情况进行科学的整体规划。选址原则如下:

(1)沼气池尽量选择背风向阳、土地坚实、地下水位低和进出料方便的地方,尽量避免占用耕地。发酵池最好建在猪(牛、羊)圈内,以利冬季保温。

(2)进料口应与猪(牛、羊)圈舍、厕所的出粪口连通,做到自流进料。

(3)应与公路、铁路、河堤、高层建筑及交通要道保持一定的距离并尽量避免在树林、竹林地段建池。将沼气池 3 米以内的树根、竹根斩断,避免外界生物对沼气池的破坏。

(4)合理确定储粪池(水压间)、溢流管、出料管、导流沟、输气管道的位置及走向,力求方便管理。

(5)浮罩式沼气池的储气柜、水压式的发酵池应尽量靠近厨房,一般控制在 25 米以内,以便用气。

总之,在规划设计上要使沼气池及其附属设施与农户整体环境相互协调。农户通过修建沼气池后,使沼气池的周围凸地下削、洼地变平、差地变好、好地变美,既能使建池户扩大有效用地面积,又能造就一个美好的生活环境。

 230 如何让新建沼气池快速产气?

(1)快速启动有技巧,满足条件最重要。满足沼气发酵条件,就能实现沼气池的快速启动。快速启动的标志是投料封池后,1 周内甚至 3 ~ 5 天就能点火做饭,而且沼气中的甲烷含量还比较高。实现快速启动的基本操作方法如下：

将碳氮比适宜的发酵原料堆沤2～5天，浇上正常产气沼气池中的沼液或阴沟污泥，盖上塑料膜，翻堆2～3次。

沼气池在投料前，要试水试压，确保不漏水不漏气。否则要进行补修。

将堆沤好的原料和接种物交替入池，必要时与水混合搅拌后下池。接种物加入量为总投料量的30%。

发酵料液温度控制在20℃以上。

料液pH值控制在6.5～7.5。

投料的料液浓度控制在3%～4%。投料量占发酵池容积的90%（在水压间里应标记，认定为"0"压线，可作为投料时的参照线）。

封池前要做必要的搅拌，使发酵料液与接种物混合均匀。封池后确保不漏气。

放气试火：启动初期，通常不能点燃。当气压到2千帕以上时，应在沼气灶上进行放气试火，直到能点燃，沼气启动阶段即告完成。

(2)"低浓度、高菌种"，可使发酵快启动。"低浓度"就是指发酵料液的有机物含量较低。发酵启动采用低浓度料液（如3%～4%），有利于产甲烷微生物的驯化和繁殖，否则易造成发酵料液酸化。"高菌种"是指启动时投入的沼气发酵接种物要多一点，质量要高一点。一般情况下，一口6立方米的沼气池启动投料5立方米，按"低浓度，高菌种"启动工艺要求，应该加入猪粪800千克或加入猪粪650千克、草料类130千克，并加入培养驯化好的接种物1.0～1.5立方米，再加入水3立方米左右，这时的发酵浓度为3%～4%。在这个浓度范围内，产甲烷微生物的适应能力较强，启动产气较快。经过试运行，沼气微生物对环境完全适应了，这时逐渐增加投料，使料液浓度增加到6%～10%，沼气池转入正常运行，沼气就会源源不断地产生。

为什么有的沼气池装了大量的原料，但是长期启动不了？排除启动时投料、温度等问题，那就是启动时没按要求加入足够数量的菌种——沼气发酵接种物。或者虽然也加入了一些污泥，但是这些污泥缺乏营养或氧含量较高，产甲烷微生物很少，很难存活，所以，沼气池无法启动产气。

(3)启动原料早备齐，才能保证早产气。启动投料时的入池原料，应选择易被微生物消化、无毒的原料，如果要添加部分秸秆，应提前3～5天进行堆沤。堆沤时，应将秸秆切短，并洒上一些粪水，然后注意保温通气。启动投料时最好不要加入过多的鸡粪，因为鸡粪含磷较高，容易产生有毒气体——磷化氢，它会抑制产甲烷菌的生长繁殖，甚至还会使人、畜中毒造成事故。

对于农村户用沼气池启动，若料温在20℃左右，启动时间应该不超过5天，即5天以后就可以投入正常产气使用。如果启动好，说明沼气池内的厌氧微生物已能很快适应该户的发酵原料,对今后长期持续均匀产气是十分有利的。

(4)启动温度要适宜,否则半年不产气。沼气池启动除了重视发酵原料的数量和接种物的数量及活性以外,特别要注意发酵温度,也就是选择好启动投料的时间。按照沼气发酵微生物喜温的特性,发酵启动的时间应选择在气温20℃以上为好,就是春末至冬初之间比较适宜。另外,农村户用沼气池容积不大,加入污水的时间最好选择在晴天的下午4时左右,这时气温、水温都较高,污水中溶解的氧含量也是一天中最低的。如果冬季水温低于12℃,最好不要忙于启动。因为水温低,沼气发酵微生物基本不生长繁殖,就不可能产生沼气。有的池子,寒冬腊月加水启动,又未采取加温措施,结果池温低于10℃,直到第二年5月都不能正常产气,就是这个原因。

231 怎样进行沼气池的日常管理?

沼气池使用的好坏与日常管理有很大关系,常言道"三分在建、七分在管",日常管理得当,就会获得好的产气效果。沼气池的日常管理要做到"六个经常"。

一要经常进料。为了给沼气细菌提供充足的食物,使细菌进行正常的新陈代谢,保持旺盛的产气效果,就要不断地补充新鲜发酵原料。进料的间隔时间和数量,要根据农村家用池型而定,一般沼气池,每隔5～7天进料1次,每次进料量控制在8%左右,也可按每立方米沼气量进干料3～4千克计算。对于沼圈厕"三结合"的池子,由于人、畜粪尿每天不断自动流入池内,平时只需要添加堆沤的秸秆发酵原料和适量的水,保持发酵原料在池内的浓度就可以了。

二要经常出料。要及时将池内发酵残料排出,原则是进多少料,就要出多少料,而且必须先进后出。残料排出后,池内料液液面不能低于进料管和出料管的下口上沿,以免池内沼气从进料管和出料管跑掉。出料后要及时补充新料,若一次发酵原料不足,可加入一定数量的水,以保持原有水位,使池内沼气具有一定的压力。沼气池大换料一般是3～5年进行1次,应安排在春季和秋季进行。大换料前20～30天,应停止进料,以免浪费发酵原料。大出料后应及时加足新料,使沼气池能很快重新产气和使用。大出料时应清除沼气池内的全部残渣和部分料液,要留下10%～30%的料液作为接种物,以加快沼气池的启动。

三要经常搅拌。这是提高产气率的一项有效措施,如不经常搅拌,就会使池内浮渣层形成很厚的结壳,阻止下层产生的沼气进入气箱,降低产气量。农村家用沼气池一般没有安装搅拌装置,可以从进出口搅拌;也可以从出料间掏出数桶发酵液,再从进料口倒进,使发酵液冲到池内,起到搅拌池内发酵原料的作用。

四要经常调节 pH 值。发酵液的 pH 值要经常测试调节,沼气细菌适宜在中性或微碱性环境条件下生长繁殖(pH值为6.8～7.6),酸碱性过强或过弱(pH值小于

6.5 或大于 8)都不利于沼气细菌活动。如果 pH 值过低,可采取以下调整措施:一是加入适量的草木灰;二是取出部分发酵原料,补充相等数量或稍多一些的含氮发酵原料和水;三是将人、畜粪尿拌入草木灰,一同加到沼气池内;四是加入适量的石灰水,但不能加入石灰,而是加入石灰澄清液,同时还要把加入池内的澄清液与发酵液混合均匀,避免强碱对沼气细菌活动的破坏。此外,为保证沼气发酵不遭到破坏,必须禁止加入各种大剂量的发酵阻抑物,特别是剧毒农药和各种强杀菌剂。对因这种原因而遭到破坏的沼气池,须将池内的发酵原料全部清除,再用清水将沼气池冲洗干净,然后才能重新投料启动。

五要经常调节水量。沼气池内水分过多或过少都不利沼气细菌的活动和沼气的产生。若含水量过多,发酵液中干物质含量少,单位体积的产气量就少;若含水量过少,发酵液太浓,容易积累大量有机酸,发酵原料的上层就容易结成硬壳,使沼气发酵受阻,影响产气量。

六要做好沼气池的越冬保温工作。入冬前应多进热性发酵原料,如牛粪、鸡鸭粪等,有条件的地方可进些酒糟水、豆腐水等。同时要充分利用太阳能,要及时加盖保温棚膜。如果是露天沼气池,应在主池上面加厚覆盖物,如堆放农作物秸秆或堆沤肥料等增加池温。

232 沼气池投料启动已很久,怎么不产生沼气?

新建池或旧池大出料后重新装料启动运行,一般 5 ～ 7 天就应该开始产气。但是有的池子投料半个月,甚至一个月都还没有沼气产生,这是因为出现了发酵启动故障。

产生启动故障的原因,是在启动操作中有一项或数项未按操作要求去做,使沼气池不具备产气条件。因此,要按要求逐项检查,找出原因,进行排除。

(1)检查加入的发酵原料是否混有农药等杀虫剂、灭菌剂、刚消过毒的畜禽场的粪便,或其他会抑制沼气微生物活性的物质。如果是这个原因,就必须将发酵原料抽出,堆沤一段时间。待抗菌类物质失效后再用。

(2)检查是否加入的原料不合格。如果加入未腐熟的猪粪或鸡粪,要想启动产气是十分困难的。其次,要看接种物是否质量差、数量少,造成沼气池内缺少菌种,料液酸化。可以用试纸或请技术员检查料液的酸碱度(pH 值)是否偏离了 6.5 ～ 7.5 的范围。如果低于 6,即可以确定该沼气池已经酸化,不具备沼气的发酵条件。

排除方法:抽出发酵料液的 30%,再加入正常产气的沼气池料液和其他接种物共 30%,重新启动。或用草木灰按 30 千克 / 米³ 的澄清水加入池内,搅拌调整 pH 值,再看是否能正常发酵。

(3)检查是否投料偏多,发酵物浓度偏高,接种物和菌种偏少,但还没有达到酸化状态。这时需要等待一段时间,待产甲烷菌繁殖起来即可产气。

(4)检查沼气池发酵料液温度是否偏低。产沼气微生物在料温低于8℃时,基本上就会停止新陈代谢。如果温度低,就要设法提高料温,或等待气温升高,池温上升后即可产气。

(5)如果以上原因都不存在,就要对沼气池、输气系统管路及调控器进行漏损检验。如果是池体的问题,就要抽出料液,对池体进行修补。经气密性试验合格后,再重新启动。如果输气管道等漏气,要按相关要求进行处理。

沼气池的启动是沼气利用的重要环节。如果合格的接种物一时难找或者气温低,就不要盲目启动。必须在具备启动的各项条件时进行快速启动。

 沼气池虽然产气,怎么所产气体点不燃?

沼气池启动投料后,也产生一点沼气,但是产气量很少,甲烷含量低,根本没法使用。

主要原因:

(1)料温太低,产气速度很慢。

(2)进池原料太少或陈旧,所产沼气不足。

排除方法:

(1)若是由料液温度太低造成的产气速度慢,就应抽出部分冷料液,加入热性原料。如果料液浓度已经比较高,可以加入部分热水来提高料温。

(2)若料温并不低,但入池原料太少,应抽出一部分清液,加入一些容易被沼气微生物消化的原料,如猪粪。

(3)若入池原料太陈旧,应抽出一部分旧料,加入新鲜原料,产气量会很快提高,也就有沼气可用了。

 沼气使用常见故障有哪些? 怎样排除?

故障一:压力表水柱上下波动或指针左右摆动,火焰燃烧不稳定。

原因:输气管内有积水。

处理方法:从积水最低处放出积水,安装直通或积水瓶,或在无压的情况下,用气枪打气把积水压回池内。

故障二:打开开关,压力表急降,关上开关,压力表急升。

原因:导气管、三通、开关、输气管堵塞,输气管拐角处扭曲,管道通气不畅。

处理方法:疏通导气管,理顺管道,排出堵塞物。

故障三:压力表上升缓慢或不上升。

原因:①沼气池或输气管漏气。②发酵原料不足。③沼气发酵接种物不足。

处理方法：①检修沼气池或输气管，增添新鲜发酵原料。②增加沼气发酵接种物。

故障四：压力表上升慢，或上升到一定高度不再上升。

原因：①气箱或管道消气慢。②气箱与液面交接处有漏气孔。③进料管、出料间有漏水孔。

处理方法：①检修沼气池气箱管道和气液交接处。②堵塞进出料间出现的漏洞。

故障五：压力表上升快，使用时下降也快。

原因：①池内发酵液过多或有浮渣。②气箱容积小。

处理方法：①取出部分料液或浮渣。②增大气箱容积。

故障六：压力表上升快，气多，但长时间点不燃。

原因：①甲烷含量低、空气未排出。多出现于启动发酵阶段。②发酵不正常，酸化，有农药或有毒物侵入。

处理方法：①排出池内不可燃气体。②增加接种物并换掉部分料液。③调节酸碱度。④全池换料，清洗池内，重新进料。

故障七：开始产气正常，以后逐渐下降或明显下降。

原因：①逐渐下降是未添新料。②明显下降是管道漏气或沼气池漏气。③池内进了农药或有毒物质，影响正常发酵。

处理方法：①取出一些旧料，增添新料。②检查、维修沼气管道及沼气池。③更换新料。

故障八：平时产气正常，突然不产气。

原因：①活动盖被冲开（三口四盖沼气池）。②输气管道及管件断裂或脱节。③沼气池突然漏水或漏气。④用后开关或阀门未关。

处理方法：①重新安装活动盖。②接通输气管，更换破损管道。③检查维修沼气池。④用后关紧阀门。

故障九：产气正常，炉具完好，但火力不足。

原因：炉具混合空气不足。

处理方法：调节炉具空气调风板。

故障十：产气正常，但燃烧火力小。

原因：①灶具喷嘴或火孔堵塞。②管道堵塞。

处理方法：①清洗喷嘴、火孔。②疏通管道。

 235 **如何进行沼渣沼液的施用？**

（1）果园。从沼气池（沼气工程发酵罐）底部直接取出的沼渣，固体含量一般在10%～15%。通常在春、秋季大量用肥时作为底肥施用。每667平方米施用量为1 000～2 000千克。施用方法很简单，将沼渣施于果树基坑内。

果树每一个生长期前后,都可以喷施沼液。一般施用时取纯沼液较好,但根据气候、树势的不同,也可稀释或配合农药、化肥喷施。对果树长势较差、树龄较长、已坐果的果树,应喷施纯沼液,以提供果树急需的养分。如气温较高,不宜用纯沼液,应加入适量水稀释后喷施。

(2)菜园。沼渣作基肥时,每667平方米用沼渣1500～3000千克,在翻耕时撒入,也可以在移栽前采用条施或穴施。沼液作追肥时,可在早晨或傍晚淋浇和喷施蔬菜叶面。作叶面追肥时,沼液宜澄清过滤后喷施,但要注意在阳光强烈或者夏天中午不宜追施和喷施,以免灼伤蔬菜。

无土栽培菜园的技术要点:经沉淀过滤后的沼气发酵液通过供液管自动流入栽培槽再进入贮液槽,通过水位控制器连接的微水泵,将贮液池里的沼气发酵液抽回供液池,从而完成营养液的循环过程,依次周而复始。根据蔬菜品质不同或对微量元素的需要,可适当添加微量元素,并调节 pH 值为 5.5～6.0。在蔬菜培植过程中,要定期更换沼气发酵液。

(3)茶园。一般选择在茶树地上部分停止生长后,立即施沼渣作基肥,宜早不宜迟,施基肥后结合茶园深耕,有利于越冬芽的正常发育,为翌年早春多产优质鲜叶打好基础;茶园追肥一般采用根外追肥,一年可进行3～4次。

茶树新芽萌发1～2片叶时开始喷施沼液。采茶期每次采摘后喷一次,按沼液与清水1∶1的比例混合,每667平方米施沼液100千克。喷施时间应在傍晚、清晨或阴天,午后不能喷施叶面肥。特别要注意叶背的喷施,因叶背的吸收能力较正面高5倍以上。

236 沼气池安全运行要重点注意哪些事项?

为了确保沼气池正常产气,安全运行,杜绝不安全事故发生,在日常管理操作中应注意以下几个方面:

(1)土方开挖时,应做好安全防护措施,保护施工人员安全。

(2)养护时,必须用临时盖板封住每个外露口,以防人畜踩空,掉入池内。

(3)进料后,必须密封各个出口。当开始产气时,每天应排放废气30分钟以上,以防止气压过高掀起活动盖。

(4)严禁在导气管口试火,以防发生回火,引起池体爆炸等不安全事故发生。

(5)使用灶具前应认真阅读使用说明书,具体使用时应规范操作,及时清理灶面杂物。

(6)当沼气压力达到九个气压时,应及时放气,以免气压过高损坏池体。

(7)严禁在沼气池5米范围内生火,以防不安全事故发生。

(8)经常检查各活动盖是否密封完好,禁止在活动盖上踩踏。

(9)经常检查输气管道各连接部位是否漏气,若室内有臭鸡蛋味(硫化氢)时,应立即关闭气源,打开门窗通风、疏散人员。严禁点火,待室内相对无味时,尽快检修漏气部位。

(10)严禁非专业人员进入沼气池。清池或检查池体时,应先抽空池内原料,然后用鼓风机清除池内残余气体,等氧气充足时,再由专业人员在有保护措施的情况下入池操作,同时操作时严禁烟火,若需照明,可用手电筒。

(11)沼气池并非垃圾坑,严禁向池内投放各种农药及重金属化合物、盐类等废弃物,以免沼气池污染。

(12)利用沼液追肥时,应严格按照需用浓度施用,以免产生肥害。

237 什么是生态循环农业?

生态循环农业就是按照生态学和经济学的原理,运用资源循环利用和生态环境保护技术,利用传统农业精华和现代科技成果,通过人工设计生态工程,协调发展与环境之间、资源利用与保护之间的矛盾,形成生态上与经济上两个良性循环,经济、生态、社会三大效益高度统一的农业生产模式。发展生态循环农业是实现农业清洁生产、农业资源可持续利用的有效手段,也是解决资源与环境问题的根本途径,是推动农村经济发展的必然选择。

为了建设好生态循环农业,一方面要注重总结与推广我国传统农业中适于生态农业的经验和做法,比如合理轮作、种植绿肥、施用有机肥、横坡起垄、修建水平梯田等,这些都是广大农民十分熟悉并且愿意接受的措施;另一方面,要加紧研究与大力推广先进的生态循环农业新技术,如为了减少"白色污染"而研制的生物降解膜,以及生物农药、生物肥料、秸秆还田、节水灌溉等。

238 什么是生态循环农业的"3R"原则?

生态循环农业作为循环经济的一种,应该遵循循环经济的"3R"原则,即减量化原则(Reduce)、再利用原则(Reuse)、再循环原则(Recycle)。其目的是真正实现农业生产源头预防和全过程治理,其核心是农业自然资源的节约、循环利用,最大限度发挥农业生态系统功能,推进农业经济活动最优化。

一是减量化,尽量减少进入生产和消费过程的物质量,节约资源使用,减少污染物的排放;二是再利用,提高产品和服务的利用效率,减少一次性用品污染;三是再循环,物品完成使用功能后能够重新变成再生资源。

遵循"3R"原则,可以最大限度地利用进入生产和消费系统的物质和能量,提高经济运行的质量和效益,达到经济发展与环境、资源利用与保护相协调,并符合可持续发展战略的目标。

发展生态循环农业的目的是什么？

发展生态循环农业，目的是实现三个方面的转变。

一是发展思路要由单纯重视生产功能向兼顾生态社会协调发展转变。发展生态循环农业，要改变目前重生产轻环境、重经济轻生态、重数量轻质量的思路，既注重在数量上满足需求，又注重在质量上保障安全；既注重生产效益提高，又注重生态环境建设。

二是资源利用要由单向型向循环型转变。传统的农业生产活动表现为"资源→产品→废弃物"的单向型线性增长模式，产出越多，资源消耗就越多，废弃物排放也就越多，对生态的破坏和对环境的污染就越重。生态循环农业以产业链延伸为主线，推动农业增长模式向"资源→产品→再生资源"循环的综合模式转变。

三是技术体系要由粗放高耗型向节约高效型转变。依靠科技创新，推广促进资源循环利用和生态环境保护的农业技术，提高农业经营主体采用节约型技术的积极性，提高农业产业化的技术水平，实现由单一注重产量增长的农业技术体系向注重农业资源循环利用与能量高效转换的生态循环农业技术体系转变。

什么是立体农业模式？

立体农业模式（图86）是指利用生物间的相互关系，兴利避害，为了充分利用空间把不同生物种群组合起来，多物种共存、多层次配置、多级物质能量循环利用的立体种植、立体养殖或立体种养的农业经营模式。立体农业模式充分利用光、热、

图86　立体农业模式

水、肥、气等资源,同时利用各种农作物在生育过程中的时间差和空间差,在地面地下、水面水下、空中以及前方后方同时或交互进行生产,通过合理组装,粗细配套,组成各种类型的多功能、多层次、多途径的高产优质生产系统,来获得最大经济效益。农作物间作套种、基塘农业、稻田养殖、林下种养,是常见的立体农业模式。

什么是种养结合模式?

种养结合模式是以畜禽粪便资源化利用为纽带,将作物种植和畜禽养殖紧密结合,畜禽养殖产生的粪便经过发酵后转化为有机肥还给农田被作物吸收利用,消除养殖业带来的环境污染,种植业通过作物的光合作用生产的农副产品又能够给畜禽养殖提供部分食料。该模式能够充分将物质和能量在动植物之间进行转换及良好的循环,是最典型的生态循环农业模式。常见的种养结合模式有果(茶、菜、粮)—沼—畜,得到普通农户、农民合作社和农业企业的广泛采用。

什么是农副产品多级利用模式?

农副产品多级利用模式是利用农副产品资源,如农作物秸秆、蔬菜尾菜、粮油加工废料等,通过高效利用,加工转化为高价值的产品,实现产业链条的延伸和农副产品资源的转化增值。农副产品多级利用模式一般利用在当地比较丰富、易于获得并且价格低廉的农副产品资源,如利用粮油加工废料和农作物秸秆生产食用菌的基料和饲料,来发展食用菌生产和畜禽养殖。

什么是区域生态循环农业模式?

区域生态循环农业模式(图87)以解决一定区域范围内农业生产、生态循环突

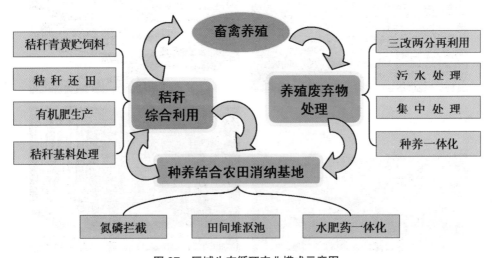

图87　区域生态循环农业模式示意图

出问题为导向,充分利用现有的农业生产条件和产业基础,按照完整的生态循环农业链条进行设计,包括畜禽养殖废弃物资源化利用、农副资源综合开发、标准化清洁化生产三部分内容,同时兼顾资源利用的多样化和废弃物处理的不同方式,可围绕关键环节、关键措施、关键技术,进行菜单式选择和搭配。

 什么是生物多样性?

生物多样性是生物及其环境形成的生态复合体以及与此相关的各种生态过程的综合,包括动物、植物、微生物和它们所拥有的基因以及它们与其生存环境形成的复杂的生态系统,通常包括遗传多样性、物种多样性和生态系统多样性三个组成部分。

生物多样性是人类社会赖以生存和发展的基础,我们的衣、食、住、行及物质文化生活的许多方面都与生物多样性的维持密切相关,生物多样性为我们提供了食物、纤维、木材、药材和多种工业原料;在保持土壤肥力、保证水质以及调节气候等方面发挥了重要作用;在调控大气层成分、地球表面温度、地表沉积层氧化还原电位以及pH值等方面发挥着重要作用;生物多样性的维持有益于一些珍稀濒危物种的保存。

 为什么要保护农业野生植物资源?

野生植物尤其是农业野生植物是人类赖以生存和发展的重要物质基础,不仅直接或间接地为人类提供食物原料、营养物质和药物,而且能够防止水土流失、调节区域气候。尤为重要的是,农业野生植物等生物遗传资源是我国遗传育种和生物技术研究的重要物质基础,是生物多样性的重要组成部分,是国家可持续发展的战略资源。

 什么是农业面源污染?

农业面源污染是指在农业生产活动中,农田中的营养盐、农药等,畜禽养殖粪污和水产养殖废水中的氮、磷等污染物,农村生活污水及生产生活垃圾等废弃物,在降水、灌溉或排放过程中,通过地表径流、排水和地下淋溶而进入水体形成的污染。农业面源污染总体上是由农业投入品使用不当、农业废弃物处理不当或不及时而造成的环境污染。

 什么是"一控两减三基本"?

农业部于2015年印发了《关于打好农业面源污染防治攻坚战的实施意见》,提出到2020年农业面源污染加剧趋势得到有效遏制,实现"一控两减三基本"目标。

"一控"即严格控制农业用水总量,大力发展节水农业。力争农田灌溉水有效利用系数达到 0.55。

"两减"即减少化肥和农药使用量,实施化肥、农药零增长行动。确保测土配方施肥技术覆盖率到 90% 以上,农作物病虫害绿色防控覆盖率到 30% 以上,肥料、农药利用率均到 40% 以上,全国主要农作物化肥、农药使用量实现零增长。

"三基本"即畜禽粪便、农作物秸秆、农膜基本资源化利用。大力推进农业废弃物的回收利用,确保规模畜禽养殖场(小区)配套建设废弃物处理设施比例到 75% 以上,农作物秸秆综合利用率到 85% 以上,农膜回收率到 80% 以上。

248　如何提高化肥利用率、减少农药残留量?

一是科学施肥。推广测土配方施肥,即以土壤测试和肥料田间试验为基础,根据作物需肥规律、土壤供肥性能和肥料效应,在合理施用有机肥料的基础上,做到氮、磷、钾及中微量元素肥料配合施用,且施用数量、时期和方法适宜。测土配方施肥技术的核心是调节和解决作物需肥与土壤供肥之间的矛盾,同时有针对性地补充作物所需的营养元素,作物缺什么元素就补什么元素,需要多少补多少,实现各种养分平稳供应,满足作物生长需要,从而达到提高肥料利用率和减少用量、提高作物产量,改善品质、节省劳力的目的。

二是合理用药。禁止使用高毒、高残留农药,大力推广使用对人、畜禽、作物和环境均无害的新型生物农药,加强生物防治技术的开发研究,利用自然天敌防治虫害。在施用技术上,要采用科学、合理、安全的农药使用技术,要根据农药的特性和在农作物中的残留规律来科学施用。

249　什么是生态拦截?

生态拦截是指采用生物技术、工程技术等措施,对农田径流中的氮磷等物质进行拦截、吸附、沉积、转化及吸收利用,从而对农田流失的养分进行有效拦截,达到控制养分流失、实现养分再利用、减少水体污染物质的目的。

生态拦截主要通过坡种草、岸种柳、沟塘种植水生植物和设置多级拦截坝来固定岸坡泥沙,大大降低水体中的氮、磷含量,达到清除垃圾、淤泥、杂草和拦截污水、泥沙、漂浮物的作用,是一种低投资、低能耗、低处理成本的污水生态处理技术。

250　生态拦截技术有哪些?

生态拦截措施包括植物篱、生态沟渠、人工湿地、缓冲带等。

植物篱是由木本植物或一些茎秆坚挺、直立的草本植物组成的带状植物群,具有分散地表径流、降低流速、增加入渗和拦截泥沙等多种功能。

生态沟渠主要由渠体、拦截坝、节制闸等工程部分和植物部分组成,能减缓水速,促进流水携带颗粒物质的沉淀,有利于构建植物对沟壁、水体和沟底中逸出养分的立体式吸收和拦截,从而实现对农田排出养分的控制。

人工湿地是由人工建造和控制运行的与沼泽地类似的地面,利用土壤、植物、微生物的物理、化学、生物特性三重协同作用,对污水进行吸附、滞留、过滤、氧化还原、沉淀、分解、吸收、转化处理。

缓冲带也叫植被过滤带,是拦截污染物或有害物质的条状植被带,能降低水流速度和冲刷力,减少泥沙流失并促进其沉淀,还可通过植物吸收和吸附等功能减少营养物质的流失。

251 农业废弃物主要有哪些?

农业废弃物是指在整个农业生产过程中被丢弃的有机类物质,主要包括作物生产过程中的植物残余类废弃物、渔牧业生产过程中产生的动物废弃物、农业加工过程中产生的加工类废弃物和农村生活垃圾等。按其成分,主要包括植物纤维性废弃物(农作物秸秆、谷壳、果壳及废渣等农产品加工废弃物)和畜禽粪便两大类。狭义的农业废弃物特指秸秆和畜禽粪便。农业废弃物的数量不断增多,大多数没有被作为资源利用,随意丢弃或排放到环境中,对生态环境造成很大的污染。

252 什么是"白色污染"?

"白色污染"是人们对塑料垃圾污染环境的一种形象称谓,是指用聚乙烯、聚苯乙烯、聚丙烯、聚氯乙烯等高分子化合物制成的各种塑料制品使用后被弃置成为固体废物,随意乱丢乱扔并且难以降解处理,以致造成环境污染的现象。农用塑料薄膜在保温、保墒及作物增产方面具有十分重要的作用,但是随着农膜使用量逐年增加,"白色污染"日益严重,对农田环境造成很大的威胁。目前多数地膜为聚乙烯成分,在自然环境中不易分解,容易在土壤中残留、积累。土壤中若积累过度的残膜,将降低土壤的水分传导、贮存及毛细管的功能,从而影响植物根部的生长发育、水肥吸收,导致土壤环境恶化。

253 怎样减少农田"白色污染"?

为减少农田地膜残留形成的"白色污染",应发展和推广高质量地膜和可降解地膜,并做好残膜的捡拾回收。

一是推广高质量地膜。适当增加地膜厚度(厚度为 0.01 毫米以上)或在地膜产品中添加一些抗老化物质,不仅可以延长地膜的使用寿命,提高其增温和保墒效果,而且有利于田间回收和再利用。

二是示范推广可降解地膜。可降解地膜主要包括光降解地膜、生物降解地膜和光/生物降解地膜。可降解地膜是解决地膜残留污染问题的重要途径之一，有巨大发展潜力，应积极示范推广。

三是重视残膜回收利用。地膜覆盖技术应用对我国农产品安全至关重要，地膜残留问题将在未来相当长的时间内持续存在。因此，要靠政策激励，引导企业、农民用人工或机械将破损的地膜收集并回收利用。

254 节水农业技术主要有哪些？

节水农业技术通常可分为工程节水技术、农艺节水技术、生物节水技术和化学节水技术等四类。节水农业技术的应用主要有四个方面：

一是减少灌溉渠系输水过程中的水量蒸发与渗漏损失，提高农田灌溉水的利用率。

二是减少田间灌溉过程中水分深层渗漏和地表流失，在改善灌水质量的同时减少单位灌溉面积用水量。

三是减少农田土壤的水分蒸发损失，有效地利用天然降水和灌溉水资源。

四是提高作物水分生产率，减少作物的水分蒸腾消耗，获得较高的作物产量。

节水农业发达的国家始终把以上四方面提高灌溉水利用率作为重点，研究重点正从工程节水向农艺节水、生物节水、化学节水等方向转变，尤其重视农艺节水技术与生态环境保护技术的密切结合。

255 怎样进行覆盖节水？

地表用作物秸秆或塑料薄膜等材料覆盖，可减少水分蒸发，抗旱保墒。

一是秸秆覆盖。将作物秸秆整株或铡成小段，均匀铺在作物行间和株间，既能还田增加有机质，又能有效抑制田间土壤水分蒸发，还可抑制杂草生长。

二是地膜覆盖。施足底肥，足墒播种，播种后覆盖地膜，把膜面展平拉直，四周用土压实，注意及时打孔让幼苗出膜。薄膜的气密性强，地膜覆盖后能显著地减少土壤水分蒸发，使土壤湿度稳定，并能长期保持湿润，有利于根系生长。地膜覆盖还能增温保温、控制杂草，促进早熟和增产效果好，但应注意在作物收获后及时回收残膜，减少环境污染。

256 怎样进行径流拦截再利用？

径流拦截既能控制水土流失，又能缓解农业干旱缺水问题。径流拦截需要因地制宜地建造集水场设施、蓄水设施、灌溉设施。集水场设施主要是指在径流产生的主要场所，利用坡面、路面、屋面、棚面集水，通过梯田、鱼鳞坑、水平沟、竹节沟、汇水沟等就地拦截坡面径流，并通过引水道将径流引入蓄水设施中。蓄水设施包括塘堰、蓄水池或水窖,及沉沙池、拦污栅等配套设施。在雨季可以有效拦截并蓄积地表径流,在干旱缺水时提供水源供农业生产使用。

257 秸秆综合利用有哪些途径?

秸秆综合利用的主要途径是肥料化、饲料化、燃料化、原料化和基料化。

一是肥料化。农作物的秸秆是农业生产重要的有机肥源之一,对提高耕地基础地力和农业的可持续发展具有重要的意义。秸秆作肥料的利用方式主要有机械化粉碎还田、快速腐熟还田、覆盖还田、传统的堆沤还田,以及生产有机肥。机械化粉碎还田是最简便高效的技术措施。

二是饲料化。秸秆富含纤维素、木质素、半纤维素等大分子物质,通过微生物发酵后可分解为低分子的单糖和低聚糖,营养价值会得到很大提高,秸秆作饲料的利用方式主要有青贮、黄贮,以及作草食家畜的粗饲料。

三是燃料化。秸秆作燃料的利用方式主要包括传统的秸秆直燃,生产物质燃料和秸秆炭,秸秆气化及秸秆发电等。

四是原料化。秸秆是高效的轻工和建材原料,可用于编织、造纸、加工纤维板,如稻草经过简易加工可生产草绳、草帘等。

五是基料化。秸秆的碳氮含量丰富,可用作栽培多种食用菌的基料,大大增加了生产食用菌的原料来源,降低生产成本。

258 秸秆还田有哪些好处?

秸秆还田是农业可持续发展的重要措施,具有很好的经济效益、生态效益和社会效益。其好处主要表现在:

一是改良土壤结构。秸秆还田可以增加土壤中的有机质含量,改善土壤结构,有利于农业的可持续发展。秸秆还田能提供较多的稳定的腐殖质,有利于维持土壤腐殖质的平衡,促进土壤团粒结构的形成,由于土壤结构的改善,土壤的孔隙增加,容重下降,土质变松,透气保水保温能力增强。

二是提高土壤肥力。作物吸收的养分有近一半留在秸秆中,秸秆含有氮、磷、钾等各种养分,还能补充作物所需的微量元素。秸秆还田可减少化肥使用量,降低农业面源污染,提高农产品品质。

三是减轻劳动强度。利用农业机械进行秸秆还田还可以提高生产效率,减轻劳动强度,节约时间,解决劳动力不足问题。

259 怎样用秸秆制作饲料?

利用农作物秸秆制作饲料的方法很多,有青贮、黄贮、微贮、氨化等,常用的是

青贮和黄贮。

秸秆青贮技术在规模化牛羊养殖场应用较多。一般用乳熟期玉米秸秆,将玉米茎叶带果穗一起切碎,调节原料的含水量在70%左右。窖底和四壁铺塑料薄膜,装窖时按0.3%的比例喷洒乳酸菌,每装30～50厘米用拖拉机或挖机压实1次,按逐层压实的办法装填完毕,及时用薄膜覆盖封严,通过乳酸菌繁殖发酵,45天后发酵成熟即可使用,可随时取用,保存期可达2年。青贮饲料中微生物发酵产生有用的代谢物,使青贮饲料带有芳香、酸、甜等味道,能大大提高食草牲畜的适口性。

秸秆黄贮技术在小型牛羊养殖场应用较多。玉米果穗采收后及时收割,秸秆切碎,装窖时按比例加水,使贮料的总水分含量为65%～75%,然后添加乳酸菌、逐层压实,最后盖膜封闭。黄贮一般使用小型贮窖,先铺塑料薄膜,装窖时可用人力踩踏压实,顶部盖一层细软的青草,然后将围在窖四周余下的塑料薄膜铺盖在贮料上,上面再盖一层塑料薄膜,并用泥土压在四周,上面再覆盖一层泥土成圆顶形。黄贮60天左右即可按需随时取用。

 怎样制作堆肥?

堆肥是以人畜粪便和植物茎叶为主要原料,加上泥土和矿物质混合堆积,在高温、多湿的条件下,经过发酵腐熟、微生物分解而制成的一种有机肥料。高温堆肥能促进农作物秸秆、人畜粪尿、杂草、垃圾污泥等堆积物腐熟,并杀灭其中的病菌、虫卵和杂草种子。一般堆积材料配合比例:作物秸秆及杂草1 000千克、粪尿250千克、水150千克。在底部开挖通气沟,铺一层坚硬的作物秸秆,并垂直安放秸秆捆作通气孔道。先在通气沟上铺一层污泥、细土或草皮土作为吸收下渗肥分的底垫,将充分混匀的材料逐层堆积、踏实并泼洒粪尿和水,每一层覆盖一层薄土,层层堆积直至高1.5米左右。堆好后及时用稀泥、细土和旧的塑料薄膜密封,并在四周开环形排水沟。一般堆后头几天温度逐渐上升,1周可达到最高,10天以后温度缓慢下降,经20～25天进行翻堆1次,把外层翻到中间,把中间翻到外边,加适量粪尿水重新堆积,再过20～30天,原材料已近黑烂时就基本腐熟。

 哪些外来入侵生物对农业生产影响较大?

外来入侵生物(图88)是指出现在其正常的自然分布区域之外,对生态系统和人类健康等构成重大威胁的外来物种。外来物种之所以能形成危害,是因为它们繁殖能力强,在当地没有天敌。对农业生产影响较大的外来入侵生物有水花生、水葫芦、加拿大一枝黄花等。

水花生学名空心莲子草,为苋科莲子草属多年生水陆两栖草本植物,原产地为南美洲,现遍布黄河流域以南地区,广泛分布于农田、沟渠、堰塘、湖泊、河道、荒地及城镇绿化带等,对农业生产和生态环境危害性大。

水葫芦又名凤眼莲,为雨久花科凤眼莲属多年生浮水草本植物,原产地为南美洲,中国长江流域以南分布广泛,繁殖能力过强,生长速度极快,对本地水生生物造成威胁甚至灭绝,常堵塞河道,死亡后沉入水底污染水质。

加拿大一枝黄花,为菊科一枝黄花属多年生草本植物,茎直立,近木质化,具根状茎,一般高2米左右,看上去非常美丽,曾作为插花的陪衬使用,现成为威胁极大的外来入侵物种之一,有"植物杀手""霸王花"之称,繁殖力极强,可迅速成片,霸占地面和空间,根系分泌的化学物质造成周边其他植物成片死亡。

水花生   水葫芦

加拿大一枝黄花

图88　几种常见的外来入侵生物

262　怎样利用天敌防治水花生?

水花生被农业部列为外来入侵生物重点防治对象。莲草直胸跳甲(图89)是水花生的专食性天敌,通过取食水花生叶片和蛀茎来遏制其生长。利用天敌防治水花生的技术包括四个环节。

一是虫源繁育。莲草直胸跳甲不耐寒,在湖北不能自然越冬,在冬季(每年11月至翌年3月)需要建设大棚繁育保种,以保障翌年大田水花生生物防治虫源需要。

二是田间释放。4月下旬至7月下旬,采集莲草直胸跳甲虫源释放到水花生田块。释放虫源时,应拉开距离、均匀布设多个点,以利虫源繁殖后迅速扩散,同时宜选择堰塘、沟渠等水生环境为释放中心点,促进虫源迅速扩繁。防治水生型水花生,每667平方米释放虫量150～200头;防治陆生型水花生,每667平方米释放虫量250～300头。

三是人工助迁。虫源释放2个月后,水花生若被取食严重、植株开始枯黄时,则应实施人工助迁,即将虫源采集后投放到其他水花生生长区域。

四是释放管理。虫源释放区域在释放前1个月和释放后,要禁止施用杀虫剂,以防杀死莲草直胸跳甲,同时禁止施用除草剂,以防杀死水花生而导致虫源无食料。虫源释放后,释放区域内还要禁止放养鸡、鸭等家禽,以防家禽取食莲草直胸跳甲影响防治效果。

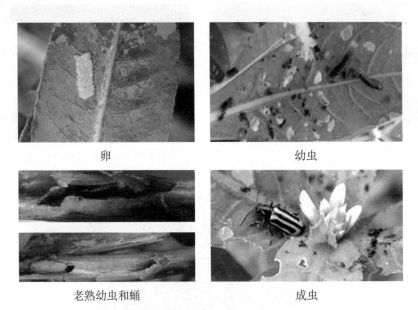

卵 幼虫

老熟幼虫和蛹 成虫

图89 莲草直胸跳甲的各种虫态

 263 橘园怎样进行生草覆盖?

橘园生草覆盖能改善土壤环境,提高土壤肥力,减少水土流失,改善果园生态环境,为天敌昆虫提供栖息地,减少农药使用,改善果园小气候,提高果实品质。

适合橘园生草的种类有三叶草、百喜草、紫花苜蓿、黑麦草、箭舌豌豆等。既可以是单一草种,也可以是两种或多种草混种,还可以是自然生草。一般在春秋播种,3月中旬至5月上旬、9月中下旬皆可。种植带宽1.0～1.3米,足墒整地后条播或撒播,播后轻耙使种子入土,幼苗期及时清除恶性杂草。利用多年生草种的,播种当年不刈割,从第二年开始,草长到30厘米以上时就要刈割。刈割一般就地覆盖,距主干30厘米外至树干外缘,也可结合施肥埋入土中。

参 考 文 献

［1］中国农村能源行业协会. 户用沼气高效使用技术一点通[M]. 北京：科学出版社，2008.

［2］冀一伦. 实用养牛科学[M]. 北京：中国农业出版社，2004.

［3］杨和平. 牛羊生产[M]. 北京：中国农业出版社，2001.

［4］莫放. 养牛生产学[M]. 北京：中国农业大学出版社，2006.

［5］全国畜牧总站. 肉牛养殖技术百问百答[M]. 北京：中国农业出版社，2012.

［6］秦志锐，蒋洪茂，向华，等. 科学养牛指南[M]. 北京：金盾出版社，2010.

［7］崔治中. 禽病诊治彩色图谱[M]. 北京：中国农业大学出版社，2003.

［8］王云霞. 家禽生产[M]. 北京：北京师范大学出版社，2011.

［9］丁国志，张绍秋. 家禽生产技术[M]. 北京：中国农业大学出版社，2007.

［10］豆卫. 禽类生产[M]. 北京：中国农业出版社，2001.

［11］杨宁. 禽类生产学[M]. 北京：中国农业出版社，2002.

［12］王小芬，石浪涛. 养禽与禽病防治[M]. 北京：中国农业大学出版社，2012.

［13］洪添胜，杨洲，宋淑然，等. 柑橘生产机械化研究[J]. 农业机械学报，2010，41(12)：105-110.

［14］曾宪忠，龙金琼，鼓玉琴. 夷陵区农业机械助推柑橘产业提质增效[J]. 湖北农机化，2017(3)：12-13.

［15］彭欣. 试论我市柑橘生产机械化突破方向[J]. 湖北农机化，2009(3)：20-23.

［16］邱正明，朱凤娟，聂启军，等. 湖北省高山蔬菜主要栽培种类和品种[J]. 中国蔬菜，2011，1(5)：30-32.

［17］邱正明，肖长惜. 生态型高山蔬菜可持续生产技术[M]. 北京：中国农业科学技术出版社，2008.

［18］边炳新，赵由才. 农业固体废弃物的处理与综合利用[M]. 北京：化学工业出版社，2005.

［19］雷廷武，李法虎. 水土保持学[M]. 北京：中国农业大学出版社，2012.

［20］曹凑贵. 生态学概论[M]. 北京：高等教育出版社，2002.

［21］张中印，吉挺，吴黎明. 高效养中蜂.[M]. 北京：机械工业出版社，2016.